U0256339

内容介绍

　　本书概括了规模化奶牛场标准化体系建设、奶牛养殖技术、奶牛营养调控与日粮供给、奶牛繁殖管理技术、奶牛主要繁殖疾病、奶牛营养代谢性疾病的综合卫生保健、奶牛乳房卫生保健、奶牛常见疾病的防治等8方面的内容，并配有121张图片。文字精练，图文并茂，通俗易懂，可供广大奶牛养殖户、奶牛场饲养管理人员使用，以便提高对奶牛饲养管理和疾病防治的水平。同时，也可作为基层兽医工作者、农业院校相关专业师生学习奶牛饲养管理和疾病防治的参考资料。

奶牛场

与 技术管理要点 常见疾病防治

刘建柱　何高明　主编

中国农业出版社

编 写 人 员

主　编　刘建柱　何高明

副主编　陈宪彬　孟凡生　谷新利

　　　　刘贤侠　孙延鸣　刘　辉

　　　　牛绪东

编　者（按姓氏笔画排序）

　　　　牛绪东　刘　辉　刘建柱

　　　　刘贤侠　孙延鸣　孙国君

　　　　孙新文　牟瑞营　闫　川

　　　　齐亚银　何高明　张素华

　　　　杨　非　杨化学　谷新利

　　　　陈宪彬　罗　燕　孟凡生

　　　　秦贞福　程　宏

主　审　牛绪东　成子强

前　言

我国奶牛发展受地域经济、技术、人才等的限制，养殖水平极不平衡，发达地区已经形成了集约化、规模化养殖，而欠发达地区仍然以单户养殖，小群体、小区养殖为主。这样就存在一个问题：在饲养过程中如何对奶牛的饲养、繁殖和卫生保健进行科学有效的管理？如何更好地进行疾病防治，达到健康养殖的目的？基于此，我们组织了石河子大学、山东农业大学、浙江大学、临沂大学的专家、教授，大型奶牛养殖企业北京首农集团绿荷三元奶牛养殖中心、山东祥和乳业有限公司奶牛场，以及山东省新泰市畜牧兽医局、山东省临朐市畜牧兽医局、黑龙江省海林市畜牧兽医局长期从事奶牛饲养管理和疾病防治的专家，共同编写了《奶牛场技术管理要点与常见疾病防治》一书。

全书共分8章，前7章详细讲述了规模化奶牛场奶牛饲养管理过程中常见的问题及对应举措，最后1章讲述了奶牛饲养过程中的常见疾病及其防治措施，并配有121张彩色图片，以便读者更直观地掌握奶牛疾病的临床症状和发病特点，同时使用有效的药物对该疾病进行快速治疗，以减少动物发病死亡或生产性能下降而造成的经济损失。我们在编写过程中突出了内容的简练性和适用性，希望本书的出版可以有效地提高奶牛小区养殖户及规模化养殖场从事饲养、繁殖管理和疾病防治的管理人员和技术人员对奶牛饲养管理和疾病的防治水平。

本书所用的图片绝大多数是编者在动物临床诊疗实践中拍摄所得。为了弥补某些疾病图片资料的不足，我们还从国内外著作中选取了部分图片，在此对相关作者和出版社表示感谢。

由于编者水平有限，本书可能存在不足之处，恳请广大读者批评指正，提出宝贵意见，以便再版时加以修改补充，使其更适合广大兽医临床工作者的需要。

刘建柱

2012 年 8 月于山东农业大学

目 录

第一章
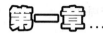
规模化奶牛场标准化体系建设

第一节 标准化体系建设概述

一、基本定义

1. 标准化 在一定范围内获得最佳秩序，对现实问题或潜在问题制订共同使用条款的活动。以科学、技术和经验为基础，以促进最佳的共同效益为目的。

2. 企业标准化 为在企业生产、经营、管理范围内获得最佳秩序，对企业实际或潜在的问题制订共同的使用规则的活动。包括制订、发布、贯彻实施标准及实施效果评价和持续改进的过程。

二、企业标准化要点

1. 保证企业生产、经营、管理活动高度统一和高效运行，实现最佳秩序和经济效益。

2. 企业标准化对象是生产、技术和经营管理等活动中的重复性事物。

3. 主要内容是制订、发布和组织实施企业标准，并进行监督、评价和分析改进。

4. 企业标准化应在企业法人或管理者的领导下进行，明确各部门职责、岗位职责和权限。

三、标准化的地位和作用

1. 企业标准化是企业生产、经营、管理的重要组成部分。

2. 标准化是组织社会化大生产的必要条件。

3. 标准化是实现专业化生产的前提。

4. 有利于加快新产品的研究开发,缩短生产周期。

5. 可以使企业节约原材料和能源。

6. 标准化是稳定和提高企业产品质量的重要保证。

7. 标准化是实现管理科学和现代化的基础。

8. 标准化是不断提高企业技术水平的重要途径。

9. 标准化是保障生产安全、维护职业健康和强化环境管理的重要措施。

10. 标准化有利于完善信息系统,推动企业使用高新技术,实现科技进步。

四、企业标准制订和修订的原则

1. 贯彻国家和地方有关标准化的方针、政策、法律、法规、规章和强制性标准。

2. 充分考虑顾客和市场需求,保证产品质量,保护消费者利益。

3. 积极采用国际和国外先进标准。

4. 有利于扩大对外经济合作和国际贸易。

5. 有利于新技术的发展和推广。

6. 企业标准体系内的标准之间应协调一致。

五、企业标准化工作的基本程序

1. 成立企业标准化机构,明确职责。

2. 企业标准化培训。

3. 调查研究、收集信息。

4. 标准的起草、审查、批准和发布。

5. 企业产品标准的备案。

6. 标准的宣贯与实施。

7. 标准实施的监督、检查与总结。

8. 标准体系的评价与确认。

9. 企业标准的持续改进。

六、企业标准体系及其组成

1. 企业标准体系 一般包括技术标准体系、管理标准体系和工作标准体系。

2. 企业标准体系表 企业标准体系的标准按一定形式排列起来的图表。

3. 技术标准 对标准化领域内企业生产中需要协调统一的技术事项所制订的标准。

4. 技术标准体系 企业内技术标准按其内在联系形成科学的有机整体，是企业标准体系的组成部分。

5. 管理标准 对企业标准化领域中需要协调统一的管理事项所制订的标准。

6. 管理标准体系 企业标准体系中的管理标准按其内在联系形成的科学有机整体。

7. 工作标准 对企业标准化领域中需要协调统一的工作事项所制订的标准。

8. 工作标准体系 企业标准体系中的工作标准按其内在联系形成的科学有机整体。

第二节 技术标准的内容与要求

一、标准化工作守则

1. 范围 本标准规定了奶牛场标准体系编写依据和标准编号规则。

本标准适用于奶牛场标准化管理。

2. 规范性引用文件

GB/T 15497　企业标准体系：技术标准体系的构成和要求。

GB/T 15498　企业标准体系：管理标准工作标准体系的构成。

二、数值与数据标准

1. 生产技术与质量检验数据保留 1～3 位小数。

2. 牛奶产量以千克表示，头年单产保留整数，牛奶成分用百分数表示，保留两位小数。

3. 育种、财务数据保留两位小数。

4. 牛场建筑面积以平方米表示，设备数据按行业标准执行。

5. 受胎率、繁殖率和成活率等用百分数表示，保留两位小数。

三、量和单位标准

重量：吨（t）、千克（kg）、克（g）。

数量：头、只、支、枚、台、辆。

长度：千米（km）、米（m）、厘米（cm）、毫米（mm）。

容量：升（L）、毫升（mL）。

饲料能量：兆焦（MJ）、焦耳（J）。

奶牛能量：奶牛能量单位（NND）。

面积和光照：平方米（m^2）、光照度（lx）。

四、设计技术标准

1. 范围　本标准规定了奶牛场产品、牛舍与设施、总平面布置与场区绿化等技术要求。本标准适用于奶牛场生产及新建、改建、扩建牛舍集约型奶牛场设计。

2. 规范性引用文件　GB 18596　畜禽养殖业污染物排放标

准，NY 5027　无公害食品　畜禽饮用水水质。

3. 内容与要求

产品设计：种牛、冷冻精液、胚胎、饲料、生鲜牛奶等。

工艺设计：主要生产工艺流程。

场址选择：奶牛场选址的原则。

总平面布局：各类建筑物的分布、间隔距离、消毒设施的布置；场区道路、绿化、竖向设计、饲养模式、设备设施设计（挤奶、喂料）。

五、环保技术标准

1. 规范性引用文件

GB 7959　粪便无害化卫生标准

GB 8978　污水综合排放标准

GB 14554　恶臭污染物排放标准

GB 16548　畜禽病害肉尸及其产品无害化处理规程

GB 13457—1992　肉类加工工业水污染物排放标准

GB/T 18407.3—2001　农产品安全质量无公害畜禽肉产地环境要求

NY/T 388—1999　畜禽场环境质量标准

2. 环境要求

（1）场址的选择：周围环境，水源及水质，地势与地貌，便于供电。

（2）总体布局：有利于饲养管理、卫生防疫、工作联系方便，分生产区和生活区，建筑物的布局与距离，道路、围墙与排污。

（3）内部设施：防疫消毒，饲养管理与挤奶，防暑防寒与安全，粪污处理，供水供电等。

（4）"三废"排放与病死牛的无害化处理。

（5）场内卫生标准：进出场消毒，更衣室、消毒池及设备消毒，生产车间及用具消毒标准。

六、设备设施技术标准

1. 牛舍设施 封闭式牛舍、开放式牛棚、犊牛岛、凉棚、饮水槽、食槽和运动场等的建设要求，包括设备设施的结构、尺寸等要求。

2. 通用设备 各类锅炉及柴油机（拖拉机和铲车）等的技术要求与参数。

3. 专用设备 挤奶机、制冷机、饲料搅拌车、发电机组、液氮罐和电冰箱、电子天平、消毒仪、消毒器、割草机等的技术要求与设备参数。

4. 设备的维修保养 时间、保养方法等。

七、采购技术标准

规范性引用文件：中国兽药典（2010 版）。

质量要求

饲料饲草：新鲜程度、色味、水分及各种养分含量、是否含有动物源性饲料、有害物质含量是否超标、是否来源于污染区等。

药品：应是国家管理部门批准使用的药物；正规厂家生产；有效期内；质量符合药典标准。

仪器设备：符合技术标准规定的参数与性能要求。

其他物品：达到有关质量标准；符合生产使用要求。

采购进货验收、入库、使用规则与方法。

八、荷斯坦牛品种标准

1. 外貌特征 毛色、体型、乳用特征、各部位结合情况、肢体与乳房结构等。毛色为黑白花。白花多分布于牛体的下部，黑白斑界限明显。体格高大，结构匀称，头清秀狭长，眼大突出，颈瘦长，颈侧多皱纹，垂皮不发达。前躯较浅、较窄，肋骨弯曲，肋间隙宽大。背线平直，腰角宽广，尻长而平，尾细长。四肢强壮，开张良好。乳房大，向前后延伸良好，乳静脉粗大弯曲，乳头长而大。被毛细致，皮薄，弹性好。体型大，成年公牛体重达 1 000kg 以上，成年母牛体重 500～600kg。犊牛初生重一般在 45～55kg。

2. 生产性能 产奶量、乳脂率（量）、乳蛋白（量）。泌乳期 305 d，第一胎产乳量 5 000kg 左右，优秀牛群泌乳量可达 7 000kg。少数优秀者泌乳量在 10 000kg 以上。母牛性情温顺，易于管理，适应性强，耐寒不耐热。

3. 等级评定 生产性能和体型。

4. 血缘关系 三代系谱、是否带有害基因、生长发育和体况评分记录。

九、荷斯坦牛育种标准

1. 术语与定义 奶牛生产性能测定体系、谱系、后裔测定、近交与近交系数、公畜模型、动物模型、体型线性评（鉴）定、选配、育种值、乳用特征、表型值、性状、表现型、DHI（奶牛牛群改良）方案、SCC（体细胞计数）。

2. 基本要求 ①外貌特征：与品种标准相同。②育种资料编号：公母牛编号按中国奶业协会规定执行，标记方法，谱系记录。③选择与评定：选择原理、方法，各阶段选择标准。④性能测定：产奶、繁殖和体型评定等。⑤选配：依据、原则与方法。

3. 奶牛牛群改良 奶牛群改良通过个体、群体的数据分析，发现问题，解决问题，提高管理水平。

4. 意义 作为牛群生产分析和改进饲养管理的依据、种牛个体遗传评定和群体遗传分析的基础。

5. DHI 报告内容 分娩日期、泌乳天数、胎次、测定日奶量（HTW）、校正奶量（HTACM）、上次奶量（PREV. M）、产奶持续力、平均泌乳天数、乳脂率、乳蛋白率、F/P（乳脂、乳蛋白比率）、SCC（体细胞计数）、MLOSS（牛奶损失）、PRESCC（前次体细胞计数）、LTDM（累计奶量）、LTDF（累计乳脂量）、LTDP（累计乳蛋白量）、PEAKM（峰值奶量）、PEAKD（峰值日）、305M（305 d 奶量）、预产期（DueData）。

6. DHI 报告分析　DHI 的主要服务内容是对奶牛的产奶性能，饲养与饲料，牛群管理与奶牛健康育种与繁殖，牛舍与环境，奶牛淘汰与出售进行科学的评估。

7. DHI 基准　泌乳 40～60 d 达到产奶高峰期后，每月产奶量应为上月的 90%～95%，头胎牛高峰期产奶量应为成年牛的 75% 或更高（80%）。

8. 平均泌乳曲线的特点　产奶高峰过后，所有牛的产奶量逐渐下降，产奶量平均每月下降 9%，0.07kg/d，经产牛高体细胞造成奶损失计算公式见表 1-1。

表 1-1　经产牛高体细胞造成奶损失

BMT 等级	SCC 范围（细胞数/mL）	每天平均减产量（%）
阴性（-）	<250 000	0
可疑（T）	250 000～490 000	10
弱阳性（+）	500 000～799 000	19.5
阳性（++）	800 000～999 000	31.8
强阳性（+++）	>1 000 000	43.4

十、繁殖标准

1. 对种公牛的要求　遗传质量、生长发育和冷冻精液质量。

2. 对母牛的要求　生长发育和繁殖能力，初配月龄与体重，产后第一次发情与配种。

3. 发情鉴定 观察与直肠检查。

4. 输精 精液解冻，输精时间、剂量、方法。

5. 妊娠诊断 时间、方法、保胎措施。

6. 繁殖障碍牛的管理

7. 产科管理 分娩管理、产后监护与护理。

8. 繁殖记录与繁殖指标

9. 胚胎移植方面的技术要求

奶牛繁殖记录：母牛号、胎次、发情时间、与配公牛号、配种日期、配种次数与方法、预产日期、实产日期、怀孕天数、出生小牛情况（毛色特征、体重、性别、编号）。

胚胎供体牛：母牛号、胎次、发情时间、处理方法、与配公牛号、配种日期、采卵日期、获合格胚胎数等。

胚胎受体牛：母牛号、胎次、发情时间、处理方法、移植胚胎号、移植日期、产犊日期及产犊情况等。

十一、饲料质量标准

1. 原料要求。按采购技术标准执行。

2. 成品质量要求。感官指标，营养成分指标，水分指标和卫生指标。

3. 各类指标的检测方法与规则。

4. 饲料添加剂的使用规则。

5. 标志、包装与贮存。

十二、荷斯坦牛饲养标准（一）

1. 引种要求 按品种标准执行。

2. 养殖区温度和湿度控制 温湿度标准和控制方法。

3. 饲养方式 成母牛、青年牛、育成牛和犊牛。

4. 饲养密度 泌乳牛、干奶牛、围产牛、青年牛、育成牛、断奶犊牛和喂奶犊牛。

5. 营养需要量 不同生理阶段母牛分别说明。

十三、荷斯坦牛饲养标准（二）

1. 饲料种类 混合精料、青绿饲料、青贮饲料、干草及其他。

（1）玉米青贮 成母牛 14 t，育成和青年牛 7 t，犊牛 1 t；青贮宜在腊熟期收获，干物质不低于 20%。干草与秸秆：成母牛1.5～2.0 t，育成和青年牛 1.0 t，干草和秸秆各占 50%，秸秆以玉米秸为主。

（2）混合精料 成母牛（产奶 6 t 以上）3t，育成和青年牛0.9～1.0 t，犊牛 0.3～0.4 t；适当提供一些大麦、酒糟、啤酒糟等辅料。精料干物质含量不得低于87%。

1）混合精料配方：豆饼 30%，玉米 56%，麦麸 10%，食盐 2%，矿物质添加剂 2%。

2）营养成分（每千克含量）：干物质 0.87kg，奶牛能量单位 2.65，产奶净能 7.3 kJ，粗蛋白质195g，钙 6.3g，磷 4.0g，粗纤维 3.6%。

（3）食盐：成母牛每头每天 100g，每年 36.5kg。

（4）矿物质：微量元素占混合饲料 2%。

2. 饲料供给量 不同阶段母牛分别说明。

（1）混合精料和粗料的喂给

1）围产后期 分娩后饮 30～40℃的麸皮盐水；产后 1～3d混合精料可达到 4kg，青贮 10～15kg，干草 2～3kg；以后逐渐增加饲料喂量，产后7d达到泌乳牛正常标准。

2）泌乳盛期 混合精料喂量为日产奶 20kg 的为 7～8.5kg，日产奶 30kg 的为 8.5～10kg，日产奶 40kg 的为 10～12kg；粗饲料喂量为青贮料 20～25kg，干草 4～6kg 以上，糟渣类 10kg以下，多汁类饲料 3～5kg。精粗比为 60：40～65：35，持续时间不超过30d。

3）泌乳中期　混合精料喂量为日产奶15kg的为6～7kg，日产奶20kg的为6.5～7.5kg，日产奶30kg的为9～11kg以下；粗饲料喂量为青贮15～20kg，干草4～5kg以上，糟渣类饲料10～12kg，多汁类饲料5kg。

4）泌乳后期　混合精料喂量标准为6～7kg；青贮不低于20kg，干草4～5kg，糟渣和多汁类饲料不超过20kg。

5）干奶期　①混合精料一般为2～4kg，高产牛加喂到6kg。②青贮10～15kg，优质干草3～5kg。③糟渣类和多汁类饲料不超过5kg。④干乳后期应增加日粮浓度，降低钙和盐给量，以适应产后需要。

6）犊牛日粮要求　哺乳期1～7d喂初乳；7d以后喂常乳并训练其吃精粗饲料，粗饲料为优质干草，30日龄后精料逐步增加到1kg，6月龄以前增至2.0～2.5kg。

7）育成牛日粮要求　精饲料6～12月龄日给量2.0～2.5kg，12月龄后逐步增至3.0～3.5kg。粗饲料6～12月龄2.0～2.5kg，12月龄以后逐步增至2.5～3.0kg。青年牛要防止过肥，犊牛钙磷比不超过2：1。

（2）营养标准及其各阶段的精料添加

1）泌乳初期饲养　指产犊后21d内。日粮平均干物质供给量占其体重的2%～2.5%，粗蛋白质11%～15%，钙0.6%，磷0.4%，粗纤维16%，日粮精粗比40：60。产犊后3d内最好每天喂1次麦麸汤（内加0.25kg红糖和少量食盐）。减少食盐喂量有助于乳房尽快消肿。精料按0.5～0.8kg/d逐步增加，保持母牛旺盛的食欲最为重要。

2）泌乳盛期　指产后3周至90d。日粮干物质由占体重的2.5%逐步增加到3.5%～3.8%，个别高产牛能达到4.0%以上更好，每千克干物质含奶牛能量单位2.18；粗蛋白质14%～16%，钙0.7%，磷0.5%，日粮粗纤维17%，精粗比55：45。

应千方百计增加母牛采食量。

3）泌乳中期　指产后 90～180d。日粮干物质按体重的 3.2%～3.5%供给；每千克干物质含奶牛能量单位 1.9；粗蛋白质 13%～14%；钙 0.5%；磷 0.4%；粗纤维 17%；日粮精粗比 45：55。此期应根据母牛体况在稳定产奶的前提下适当减少精料使用量。

4）泌乳后期　指产后 180～305d。日粮平均干物质按体重的 2.5%～3.2%供给；每千克干物质含奶牛能量单位 1.76；粗蛋白质 12%～14%；钙 0.45%；磷 0.35%；粗纤维 18%；日粮精粗比 40：60。这时应根据母牛体况、产奶量、乳脂率逐步调整精料喂量。

5）干乳期　指分娩前 2 个月左右。日粮干物质应占体重 2.2%～2.5%；每千克饲料干物质含奶牛能量单位 1.43；粗蛋白质 9%～11%；日粮精粗比 35：65。应注意补充矿物质和维生素添加剂。减少精料用量，增加优质干草喂量，使奶牛瘤胃得到一定的休整。丰富的优质干草可使精料使用量进一步减少。

3. 饲喂频率　每天的饲喂次数，每次的饲喂量，饲喂时间。

4. 操作方法　总的要求；各阶段牛的管理方法。

十四、防疫检疫标准

1. 卫生消毒　消毒前的准备、消毒设备、消毒方式、消毒剂和应用方法、场所消毒、消毒记录。

2. 牲畜免疫　疫苗种类、免疫程序（时间、方式和剂量）、免疫记录与标识、免疫效果监测。

3. 常见病治疗　病历档案、诊断、治疗方法、药物使用规则及注意事项。

4. 疫病控制与报告　报告制度、疫点划定、隔离、防疫措施、动物处理、疫情监测措施。

5. 疫病检疫　检疫疫病种类、时间、病牛处理。

6. 无害化处理及疫病监测　粪便、污水和死牛。

十五、安全技术标准

通用安全，生产安全，交通安全，劳动防护，操作安全防护。

十六、定额标准

1. 饲料消耗　各类牛的头日精粗饲料用量。

2. 药品消耗　各类牛药品消耗〔元/（头·年）〕。

3. 劳动定额　各类牛人均饲养量。

十七、贮存运输标准

牛奶、药品、饲料、冻精等贮存运输技术要求。

第三节　管理标准的内容与要求

一、鲜牛奶营销管理标准

1. 职责　哪个部门（人）负责牛奶营销。

2. 内容与要求　市场调研，营销计划的制订，营销方法，营销合同的签订，合同内容要求，合同纠纷的解决与合同管理，售后服务与营销效益评价。

3. 报告与记录　销售报表、顾客档案、产品评审、顾客满意度调查、发货单和纠纷处理。

二、技术开发、创新与引进管理标准

1. 职责　科技部门负责、生产单位配合、科研项目落实到人。

2. 内容与要求 科技开发、创新与引进的原则、程序、审批、实施；项目的验收、鉴定和评审；科技资料的档案管理；经费来源、使用与管理；成果的归属、管理与科技奖励办法。

三、采购管理标准

1. 职责 包括计划编制、审批、资金筹备、采购、验收及保管等事项应分别由哪个部门（人）负责。

2. 内容与要求 采购原则（质优、价廉）、采购计划的编制与审批程序、供方选择与供方资质、采购质量、合同的签订、采购的实施、检验与保管、账务处理。

3. 报告与记录 记录采购过程与物品存放及使用情况。

四、库房管理标准

1. 职责 库房的物资保管、安全和卫生等事项应由哪个部门（人）负责。

2. 内容与要求 库房物资的分类，各类物资的验收入库程序，物资的账目管理，分类贮存与要求，库房安全与卫生要求，出入库手续，物资盘点，废旧物资的处理。

3. 报告与记录

五、饲料加工管理标准

包括原料要求、添加剂的使用要求、对加工设备的要求、饲料配方的制订与管理、饲料加工过程的控制、饲料应达到的质量要求、包装与标识要求。

六、储存运输管理标准

规定生鲜牛奶、药品、饲料饲草、冷冻精液和其他物品等的储存运输管理要求，如运输储存工具、储存条件、运输储存方式等。

七、生产管理标准

对育种、繁殖、饲养管理等生产活动的计划、组织和控制的管理事项所制订的标准。包括生产技术的鉴定程序，鉴定人员要求，生产计划和劳动定额的编制、审批与执行，生产规范的制订与实施，生产记录的分析与管理，生产调度与安全管理。

八、防疫卫生管理标准

疫病防治的基本原则，预防措施，消毒免疫方法，用药制度，发生疫情应采取的措施，疫情报告制度，记录要求。

九、不合格及纠正措施管理标准

包括外购物资、产品出现不合格品的处置程序，不合格原因的分析与纠正措施，预防措施的制订。

十、设备设施管理标准

设备购置程序、安装和使用规定，设备的控制、维修和保养，设备的改造和报废管理，设备的档案管理，牛舍等设施的使用和维护管理。

十一、安全管理标准

包括交通安全、生产安全、安全教育、消防安全、治安安全等各项管理标准。每个标准的内容包括职业安全教育、安全操作、安全检查、安全责任制、事故处理、奖惩和安全报告与记录。

十二、环境卫生管理标准

奶牛场环境要求（场区环境、车间环境、运动场环境、生活区环境和饮用水的管理），"三废"的管理要求与处理措施，环境监测，环保档案的管理。

十三、能源管理标准

能源的分类（煤、气、燃油、电），各类能源的管理部门和责任，各类能耗的统计分析方法，报表与记录，能源定额管理与考核办法，节能措施与奖惩办法。

十四、人力资源管理标准

各类人员（领导、管理人员、技术人员和生产人员）培训，人员聘用与考核，人员解聘与调动，各类保险，人员升降职与档案管理。

十五、财务管理标准

1. 财务管理的基本原则

2. 财务计划的编制 包括编制原则、内容。

3. 财务核算 奶牛场和各二级单位的核算，经营成果分析，考核及奖惩办法。

4. 流动资金管理 资金形成、使用与管理。

5. 固定资产管理 资产购置、折旧、维修、调拨和报废处理。

6. 其他 成本、材料、销售、利润、票据、档案、财务报表、经济活动分析等。

第四节 工作标准的内容与要求

一、奶牛场场长工作标准

1. 职责与权限 奶牛场的全面生产经营工作，职工奖励和处罚，召开场长办公会。

2. 任职资格　学历、职称、工作年限、业务及管理能力等。

3. 工作内容与要求

4. 检查与考核　定期检查与绩效考核。

二、奶牛场兽医工作标准

1. 职责与权限　完成疾病防治与防检疫工作。

2. 任职资格　学历、职称、业务水平等。

3. 工作内容与要求　牛群观察、病牛处理、牛只干奶、预产及接产、兽医报表、消毒、疫情报告等。

三、奶牛场繁殖工作人员工作标准

1. 职责　完成本场母牛的繁殖配种工作。

2. 内容与要求　牛群观察与发情鉴定、人工授精、妊娠检查、繁殖疾病治疗、记录与报表。

四、育种人员工作标准

1. 职责　育种方案实施、牛只编号、注册、性能测定、体型评定与选种选配等。

2. 内容与要求　育种计划的编制、体尺及体重测量、体况评定、体型评分与综合评定、系谱及性状记录、选种选配等。

五、其他人员工作标准

奶牛场副场长、班组长、其他技术人员、统计保管、饲养员、挤奶工、司机、电工及设备（设施）维修人员、锅炉工、饲料工、门卫、电焊和清粪工等。

党（支部）委书记、工会主席、办公室主任、财务人员、其他行政管理人员。

在现代经营理念前提下，高素质人才利用现代化的生产工具（房舍、仪器、设备等）、不断进步的科学的奶牛养殖技术（繁殖育种、营养饲料、疾病防治等），饲养高遗传素质的奶牛，生产出高质量的牛奶及制品，满足人们生活健康需要，而使企业获得最大的经济和社会效益，是我们共同追求的目标。

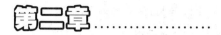

第二章

奶牛养殖技术

第一节　牛的消化器官及消化生理

一、消化器官

牛是反刍动物，其消化器官在构造上最突出的特点是，牛胃是由瘤胃、网胃、瓣胃和皱胃4个部分组成。牛胃中内容物占整个消化道的68%～80%。

瘤胃、网胃、瓣胃统称为前胃，只能分泌黏液，不含腺体；皱胃是真正的有腺胃，可消化蛋白质。

瘤胃：瘤胃分背、腹囊两部分，胃壁做有节律的蠕动，以搅和内容物。瘤胃容积占整个胃容量的80%。瘤胃的功能有：①暂时贮存饲料，牛采食时把大量饲料贮存在瘤胃内，休息时将饲料颗粒反刍入口腔内，慢慢嚼碎。②微生物发酵，饲料不断进入和流出瘤胃，唾液也很稳定地进入瘤胃，调控酸碱度。饲料在瘤胃被微生物发酵，其终产物经瘤胃壁吸收利用。瘤胃微生物可以消化粗纤维，分解糖、淀粉和蛋白质；合成氨基酸和蛋白质，合成B族维生素和维生素K。

网胃：网胃内皮有蜂窝状组织，故俗称蜂巢胃，其容积占整个胃容量的5%。网胃的主要功能如同筛子，随饲料吃进去的重物，如钉子和铁丝，都存在其中。

瓣胃：瓣胃是第3个胃，其容积占整个胃容量的7%～8%。有挤压磨碎饲料、吸收水分的功能。

皱胃：皱胃也称为真胃，其容积占整个胃容量的7%～8%。

其功能与单胃动物的胃相同，能分泌胃液。

牛的胃容量，随年龄及体格大小而有差异，中等体格的牛，胃容量为 135～180L，犊牛初生时，瘤胃的容积很小，第一、二胃容积（即瘤胃、蜂巢胃）仅占 4 个胃总容积的 1/3，10～12 周龄时占 67%，4 月龄时占 80%，1.5 岁时占 85%，基本完成了反刍胃的发育。

牛的口腔中没有上切齿和犬齿，吃草靠上颌齿龈与下切齿、嘴唇和舌的配合来完成。牛的唾液量很大，奶牛每天分泌 110 L 左右。唾液对牛的消化有重要作用，含有重碳酸盐（$NaHCO_3$）和磷酸盐（K_2HPO_4，Na_2PO_4），充作缓冲液，使瘤胃 pH 保持在 5.5～7.2，对维持瘤胃内 pH 有重要意义。

二、消化生理

1. 采食 牛一天的时间大体分为相等的三段，即采食、休息、劳役。牛每天采食时间为 6～8 h，放牧采食时间较舍饲长（图 2-1）。①牛口腔中上颌没有门齿，采食时，主要依靠灵活有力的舌卷食饲料和饲草，在下颌门齿与上颌齿龈间将饲草切断，卷食入口腔。在口腔中将饲料、饲草与唾液混合成食团吞咽入瘤胃。②牛采食时，比较粗糙，经初步咀嚼混以大量唾液后吞咽入瘤胃内浸泡软化。采食后通过反刍调节瘤胃的消化代谢。饲喂后 30～60 min 开始反刍。牛每天反刍时间为 7～8 h，有的可能长些或短些。③牛没有上门齿，不能啃食过矮的牧草。放牧饲养时，牧草高度低于 5 cm，放牧牛不易吃饱。④牛的采食速度因饲料种类、形状、适口性等而有所不同。采食切短饲草的速度比采食长草快，采食颗粒饲料比采食粉状料快，采食优质干草比采食秸秆快。⑤牛有竞食性，在自由采食时互相抢食。

2. 反刍 牛的采食非常粗糙，大量饲料不经过细致咀嚼就吞咽下去。在瘤胃内发酵。牛休息时，再把饲料逆呕出来，经过

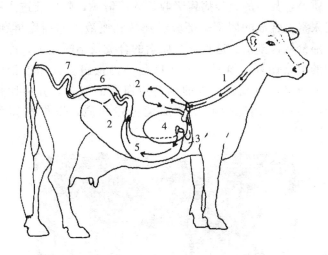

图 2-1　奶牛食物运化路线图

1. 食道　2. 瘤胃　3. 网胃　4. 瓣胃　5. 皱胃　6. 小肠　7. 大肠

再咀嚼，然后再吞咽下去，这个过程叫反刍。反刍是牛的重要习性，反刍包括逆呕、再咀嚼、再混唾液和再吞咽 4 个过程。从反刍开始到结束这段时间叫反刍周期。一般牛在饲喂后 30～60min 开始反刍，每一个反刍周期持续时间为 40～50min，每个食团咀嚼 50～70 次，1 头牛一昼夜出现反刍 15 次左右，因此，1 头牛一昼夜的反刍时间为 6～10h。牛患病、过度疲劳或兴奋都可使反刍停止。这样，未消化的食物便会停留在胃内发酵和腐败，产生大量气体排不出去，引起臌胀病。

3. 消化吸收特点

（1）蛋白质的消化吸收　牛真胃和小肠中蛋白质的消化和吸收与单胃动物无差异。但由于瘤胃中微生物的作用，使牛对蛋白质和含氮化合物的消化利用与单胃动物有很大不同。

1）饲料蛋白质在瘤胃中的降解　饲料蛋白质进入瘤胃后，一部分被微生物降解生成氨，生成的氨除用于微生物合成菌体蛋白质外，其余的氨经瘤胃吸收，入门静脉，随血液进入肝脏合成尿素。合成的尿素一部分经唾液和血液返回瘤胃再利用，另一部分从肾排出。这种氨和尿素的合成及不断循环，称为瘤胃中的氮素循环。氮素循环在反刍动物蛋白质代谢过程中具有重要意义，可减少食入的饲料蛋白质的浪费，并可使食入的蛋白质被细菌充分利用合成菌体蛋白质，以供畜体利用（图2-2）。

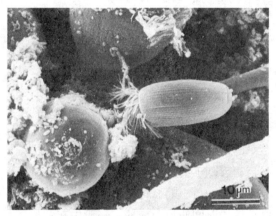

图2-2　奶牛瘤胃细菌、纤毛虫

　　饲料蛋白质在瘤胃并不能完全被微生物降解，其中大约有70%（40%～80%）被细菌消化降解，有30%（20%～40%）的蛋白质未被消化降解。这部分未经瘤胃微生物降解的饲料蛋白质直接进入后部胃肠道，称之为过瘤胃蛋白质。过瘤胃蛋白质与瘤胃微生物蛋白质一同由瘤胃转移到真胃，随后进入小肠继续消化。其消化过程与单胃动物类似。

　　2）微生物蛋白质的产量和品质　瘤胃中80%左右的微生物能利用氨，其中26%只能利用氨，55%可利用氨和氨基酸，少数微生物能利用肽。原生动物不能利用氨，但能通过吞食细菌和其他含氮物质而获得氨。

在氮源和可发酵有机物比例适当、数量充足时，瘤胃微生物能合成足以维持正常生长和一定产奶量的蛋白质。在一般情况下，瘤胃中每千克可发酵有机物质，微生物能合成 90～230g 菌体蛋白质。

瘤胃微生物蛋白质的品质一般略次于优质的动物蛋白质，与豆饼和苜蓿叶蛋白质大约相当，优于大多数谷物蛋白。

（2）碳水化合物的消化和吸收

1）粗纤维的消化吸收　反刍动物的瘤胃和网胃相当于发酵罐，是消化碳水化合物特别是粗纤维的主要器官。瘤胃微生物区系中纤维分解菌约占瘤胃活菌的 1/4，另外还有分解淀粉和糖的细菌。瘤胃和网胃的容积大，饲料在其内停留的时间长，为微生物消化碳水化合物提供了有利条件。

饲料中粗纤维被反刍动物采食后，在口腔中不发生变化。进入瘤胃后，瘤胃微生物将粗纤维、淀粉分解，形成挥发性脂肪酸（乙酸、丙酸、丁酸等），被吸收后成为牛的主要能量来源。饲料纤维在瘤胃中发酵产生的挥发性脂肪酸能为反刍动物提供能量需要的 70%～80%。乙酸、丁酸有合成乳脂肪中短链脂肪酸的功能，因此乙酸比例提高，乳中乳脂率提高。丙酸是合成葡萄糖的原料，而葡萄糖又是合成乳糖的原料。

瘤胃中未分解的纤维性物质，到盲肠、结肠后受细菌的作用发酵分解为挥发性脂肪酸、二氧化碳和甲烷。挥发性脂肪酸被肠壁吸收，参与代谢；二氧化碳、甲烷由肠道排出体外，最后未被消化的纤维性物质由粪排出。

2）淀粉的消化吸收　由于反刍动物唾液中淀粉酶含量少、活性低，因此饲料中的淀粉在口腔中几乎不被消化。进入瘤胃后，淀粉等在细菌的作用下发酵分解为挥发性脂肪酸与二氧化碳，挥发性脂肪酸的吸收代谢与前述相同，在瘤胃中未被分解的淀粉和糖进入小肠，在淀粉酶、麦芽糖酶和蔗糖酶的作用下分解为葡萄糖被肠壁吸收利用。小肠中未消化的淀粉进入盲肠、结肠，受细菌的作用，产生与前述相同的变化。

（3）脂肪的消化吸收　被反刍动物采食的饲料中的脂肪，在瘤胃微生物作用下发生水解，产生甘油和各种脂肪酸。其中包括饱和脂肪酸和不饱和脂肪酸。不饱和脂肪酸在瘤胃中经过氢化作用变为饱和脂肪酸。脂肪酸进入小肠后被消化吸收，随血液运送至体组织，变成体脂肪贮存于脂肪组织中。

（4）牛瘤胃微生物可以合成多种水溶性维生素及维生素 K。

第二节　奶牛的饲养管理

一、产奶牛的饲养管理

（一）一般饲养管理技术

1. 不同季节的饲养管理　荷斯坦奶牛耐寒，但耐热性较差，适宜气温为 10～18℃，气温高于 26～27℃，奶牛产奶量出现下降。天冷一般不会使奶牛减产，而大风却对产奶量有影响。

夏季气温升高，影响母牛的代谢机能，造成母牛食欲减退，泌乳量开始下降。应采取必要的防暑降温措施，如可采取牛舍内开动电扇、墙壁浇水、牛体淋浴、运动场搭凉棚或种树，以及饲槽内经常贮满清洁清凉的饮水等措施。

冬季天气寒冷，必须作好防寒保暖工作。虽然乳牛对寒冷有较高的适应能力，只要保证供应充足的饲料，早晚关闭门窗，防止穿堂风，牛床多铺褥草，一般对产奶量影响不大。但在一些寒冷地区，对高产牛、围产期乳牛、犊牛，必须更加重视防止寒风侵袭。

2. 日常管理　每次挤乳和喂乳间隔必须保持均衡，一般为 6～10h。同时，饲喂、饮水尽量做到均衡。必须定时饲喂、挤乳，定时刷拭、运动，及时清除牛床粪便，定时饲喂犊牛和育成牛等。

饲喂要定时定量，少喂勤添，一般奶牛每天的饲喂次数与挤奶次数要一致，即2次挤奶，2次喂料；3次挤奶，3次喂料。目前，国内多数奶牛场采用每天3次上槽饲喂，3次挤奶的工作日程。

饲养产奶母牛，必须供给充足清洁的饮水。要加强对饮水的管理，为促进母牛多饮水，冬季饮水温度不宜低于16℃；夏季饮清凉水或冰水，以利于防暑降温，保持母牛食欲，稳定产奶量。

3. 分群分组管理 为便于管理，目前，大、中型乳牛场根据牛群规模大小及各龄牛的生理阶段，通常将牛群分为泌乳牛群、干乳期牛群、犊牛群、育成牛群、初孕牛群和围产期牛群，以便合理进行饲养与管理，即分群管理，定位饲养。

4. 保证日粮质量 奶牛有利用青粗饲料的生理特点，所以要经济有效地发挥奶牛的生产潜力，必须解决好常年均衡供应青粗料的问题。当前，我国一些奶牛场奶牛采食量低、产奶量不高、乳品质差、疾病多，主要原因是重精料轻粗料，粗饲料品质太差所造成。粗饲料中粗纤维占日粮干物质的比例以17%为宜，不低于13%。日粮配合一定要适应采食量，特别是高产奶牛，要选择适口性好、易消化的饲料。按全日干物质计，一般采食的干物质为体重的2.8%～3.2%，高产牛可达体重的3.5%，甚至更高。

影响采食量的因素：牛的采食量受到许多因素影响。如饲料品质、日粮组成、牛的生理状况、环境温度等。

（1）饲料品质 饲料品质是影响牛采食量的主要因素。饲料品质好，采食量高。优质干草的采食量高于劣质干草和秸秆；幼嫩多汁饲料高于粗老、干枯的饲料。饲料消化率高，采食量也高。

（2）日粮组成 日粮组成不同，牛采食量也不同。日粮完全由粗饲料组成时，采食量低；随着日粮中精饲料逐渐增加，采食量也随着增加。精料干物质占日粮干物质30％以上时，采食量不再增加；占70％以上时，采食量随之下降。

（3）牛的生理状况 奶牛在生长发育期、妊娠初期、泌乳高峰期的采食量较高，妊娠后期减少。膘情好的牛按单位体重计算，采食量比膘情差的牛低。牛患病时，采食量减少或停止。

（4）环境温度 低温时，牛的产热增加，代谢加强，采食量增加。高温时，牛为加快散热，呼吸加快、食欲下降、采食量减少。

（5）其他因素 保持环境安静、群饲自由采食、适当延长采食时间、饲料加工调制等也可增加牛采食量。

在泌乳期饲喂母牛的饲料，应尽可能多样化，使日粮中的营养物质互相补充。一般来说，母牛的日粮，应以青粗多汁饲料为主，营养不足部分，用精料来补充。但高产母牛，由于其产奶多，消耗的营养物质也多，需要的营养也就多。因此，除供给青粗饲料外，应多喂给一些精料。一般母牛每天的基础日粮为2～2.5kg，每产2.5～3kg奶，加给1kg精料。不同产奶量水平下的精饲料参考喂量见表2-1。

表2-1 不同产奶量水平下的精饲料参考喂量

产奶量（kg/d）	精饲料喂量（kg）
＜10	3
10～20	5～8
20～30	8～12
＞30	＞12

5. 饲喂技术 目前，一般采用的方式是先粗后精，先干后

湿，以精带粗。精料要求分几次喂完，日粮水分含量应低于50%，否则影响干物质采食量。饲槽槽位要充足，且位置不要过高，饲槽要保持干净，以免影响牛采食。如遇换料，要有2周左右的过渡期，以使瘤胃微生物逐渐适应新饲料，避免突然换料带来产奶量下降。

若饲喂高精料，则要适当增加精料饲喂次数，即以少量多次的方法饲喂，可改善瘤胃微生物区系的活动环境，减少消化障碍、酮血症、产后瘫痪等的发病率。

6. 牛体卫生　牛体的卫生状况直接影响着乳牛健康和牛乳卫生。为使牛体保持干净卫生，必须对牛体进行刷拭。一般每天刷拭1～2次。

牛舍要保持清洁、干燥，湿度过大势必影响牛的健康和产奶。牛舍内的饲槽要每天在牛采食后刷洗，以免残余饲料腐败，造成环境污染及影响牛的采食量。

7. 运动　拴系式饲养的乳牛每天必须有适当时间在运动场活动，泌乳母牛除挤奶时留在室内，其余时间可让它到运动场上自由活动。但在夏天，中午日照强烈，乳牛运动可改为夜间或早晨。冬季运动时要防止乳头冻伤。

8. 护蹄　引起蹄不正常的原因很多，常见的是：长期舍饲，运动较少，牛舍潮湿，卫生不佳或管理不当。因此，要让牛有适当的运动，保持牛舍清洁干燥和蹄部卫生，尤其是蹄叉。每年春秋两季定期修蹄。

9. 适时配种　一般奶牛在产后第2个月，其生殖系统基本恢复正常，并有发情表现。此时应做好发情观察工作，及时观察记录，抓紧配种。如产后45～60d奶牛仍未出现发情症状，则要及时检查不发情的原因，尽早采取治疗措施，以免拉大产犊间隔，影响奶牛生产。

（二）阶段饲养

1. 母牛产奶的特点　母牛生小牛后即开始产奶，至干奶时为止，这段时间称为一个泌乳期。一般一个泌乳期约为 10 个月（305d）。在一个泌乳期内，各月的产奶量不完全相同，但有一定的规律变化，即母牛产后，每天产奶量逐渐上升，经 30～60d，产奶量达到最高峰，之后便逐月下降。每月下降的速度与牛的遗传、饲养管理条件有关，一般为 5%～10%。高产牛产后的产奶量上升幅度大，下降较慢；低产牛产奶量上升快，下降也快。

2. 泌乳母牛的饲养

（1）泌乳初期　指分娩后至第 15 天。母牛生小牛 1～2 周，为泌乳初期，也称恢复期、围产后期。在母牛产后休息片刻，即喂给较易消化的麸皮 1～2kg，加食盐 100～150g，以温水（20℃左右）冲拌成稀汤让牛饮尽。可起到暖腹、充饥及增加腹压的作用。切忌饮用凉水，饮水温度以 37～40℃为宜。同时，喂给优质干草 1～2kg 或任其自由采食。此时，不喂多汁饲料及糟粕饲料。当母牛的食欲和消化好转后，则逐渐增加混合精料，生产潜力大、产奶量高、食欲旺盛的母牛，可适当多给，相反则少给。如果母牛产犊后，乳房没有水肿，体质健康，粪便正常，在产犊后的第 1 天便可喂给多汁料和混合精料。分娩后 1～3d，如果母牛食欲正常，日精料量可达 4kg 左右，青贮 10～15kg，干草 2～3kg，可适当喂给块根或糟渣。4～5d 后根据牛的食欲状况可逐日增加精料、青贮、干草和多汁饲料，精料每天增加 0.5～1kg，至产后 7d 达到泌乳牛日给量标准。

（2）泌乳盛期　产后第 16～100 天。母牛产后 15d 至 2 个月左右为泌乳盛期，高产牛可延续到第 3 个月。饲养管理上，除每天喂给较好的青粗饲料、块根类饲料外，还应供给足够的混合精料。混合精料的种类和比例，可按当地饲料情况选择。在升奶期间，除按母牛的实际产奶量喂给所需的混合精料外，还应另外多加 1.5～2kg 精料，并随母牛产奶量的上升而继续增加，直到产奶量不再上升后，再逐渐减少其额外所加的精料，即减少到所喂的精料与实际产奶量相适应的水平。

泌乳盛期是饲养难度最大的阶段，奶牛产犊后的最初几天，干物质进食量最低，虽然干物质进食量在产后会逐渐增加，但最大干物质进食量相对于泌乳高峰还是向后延迟 6 周左右，因而造成奶牛营养处于负平衡状态，导致母牛体重骤减，高产奶牛体重可下降 35～40kg。所以，在泌乳盛期必须饲喂高能量的饲料，尽量让母牛多采食干物质，多饲喂精饲料，但也不是无限量地饲喂。一般认为，精料的日喂量以不超过 15kg 为宜。精料占日量总干物质 65% 时，易引发瘤胃酸中毒、消化障碍、第四胃移位等。可在日粮中添加碳酸氢钠 100～150g，氧化镁 250g，拌入精料中喂给，对瘤胃的 pH 起缓冲作用。其次，为弥补能量的不足，避免精料使用过多的弊病，可以采用添加动植物油脂的方法。例如，可添加 3%～5% 保护性脂肪，使之过瘤胃到小肠中消化吸收，以防日粮能量不足，而动用体脂过多，使血液积聚酮体。

泌乳盛期，日粮干物质占体重 3.5%，每千克干物质含奶牛能量单位 2.4，粗蛋白质占 16%～18%，含钙 0.7%、磷 0.45%，粗纤维不少于 15%，精料和粗料比 60：40。一般要求精粗饲料比 65：35～70：30，持续时间不应超过 30d。

（3）泌乳中期　产后第 101～200 天。在此阶段，母牛的产奶量逐渐平稳下降，体况开始恢复。这时应按母牛的体况和产奶量进行合理的饲养，给予母牛充足的干草和青贮饲料，保持适当的精料。一般每周或每两周，应根据母牛产奶量的变化来调整混合精料的喂给量，使产奶量缓慢下降。即应按体重和产奶量进行饲养。这时产奶量开始逐渐下降，每月奶量的下降率如能保持 5%～8%，即为稳定下降的泌乳曲线，如果饲养上稍有忽视，下降率则达 10% 以上。这一时期饲养管理的中心任务是力求产奶量缓慢下降，在日粮中应逐渐减少能量和蛋白质含量，即适当减少精料喂量，增加青粗饲料饲喂量，应让牛尽量能采食到品质好，适口性强的青粗饲料。

泌乳中期，日粮中干物质应占体重的 3.0%～3.2%，每千克干物质含奶牛能量单位 2.13，粗蛋白质占 13%，含钙 0.45%、磷 0.4%，精料和粗料比例为 40：60，粗纤维含量不少于 17%。

（4）泌乳后期 产后第 201 天至停奶。这时虽然母牛产奶量已显著地下降，本应减少营养，但母牛在此时已到怀孕中后期，胎儿正在迅速地生长发育，需要较多的营养物质。因此，仍需供给一定量的营养，以满足胎儿迅速生长发育的需要，同时也使母牛有较好的体况，为日后提高产奶量打下基础，但也不宜喂过多。此期日粮以青粗饲料为主，适当搭配精料即可。

泌乳后期，日粮干物质应占体重的 3.0%～3.2%，每千克干物质含奶牛能量单位 2.00，粗蛋白质占 12%，含钙 0.45%、磷 0.35%，精料和粗料比例为 30：70。粗纤维含量不少于 20%。

二、干奶牛的饲养管理

母牛在产犊前两个月停奶，这段时间称为干乳期。

干奶期以 45～60d 为宜，短于 45d 或长于 60d 都会使下个泌乳期减产。短干乳期不利于乳房复原，长干乳期容易使干奶牛过肥。

（一）干奶的方法

1. 逐渐干奶法 逐渐干奶法是在 1～2 周使泌乳活动停下来。方法是：在预定停奶前 2 周左右，从改变母牛生活习惯开始，如改变挤奶次数（甚至对难停奶的牛隔天挤 1 次奶），改变饲喂次数，改变日粮组成（如减少多汁料、糟渣类等辅料，较多用干草等），以抑制乳分泌活动，停止乳房按摩，使母牛的产奶量逐渐减少而达到停奶。

2. 快速干奶法 快速干奶较好，但要求工作人员胆大心细，责任感较强。方法是：只要达停奶之日，即认真按摩乳房，将奶挤净，将乳房乳头抹干净以后即停止挤奶，同时保持垫草干净。最后一次挤奶，应将奶完全挤净，并用盛有 5％碘酒的小杯浸一浸 4 个乳头，预防感染。也可在封闭前用抗生素软膏注入乳头，经处理后的乳头，不要随便去动它。但要注意观察乳房的情况，如果乳房发热、肿胀、硬实，就应恢复挤奶，挤几天奶后，将奶挤净，再按上法进行干乳。

快速干奶法不适宜曾有乳房炎或正患乳房炎的母牛。

（二）干乳母牛的饲养

1. 干乳前期 干乳前期是指干乳期开始到产犊前 2 周左右的时期。母牛从停奶之日起到乳房恢复正常，一般需 1～2 周。在此期间，最好少用或不用多汁料和辅料（如糖糟、酒糟），而以优质的青粗料为主，适当搭配一些精料。经过 1～2 周后，乳房内的乳汁已被乳房吸收，乳房已恢复正常时，便可逐渐增加精料。状况不好的母牛，可适当提高日粮的营养水平，使母牛在产前具有中上的体况。

干乳牛的饲养，一般按每天泌乳量 10kg 左右的饲养标准进行饲喂，随时检查干乳牛体况的变化，其体况应呈中上水平。一般干乳牛的日粮：每头日喂 4～5kg 优质干草，青贮料 10～15kg，糟渣或多汁类 5kg，混合精料 3～4kg。食盐和矿物质可放置在运动场的矿物槽内，让其自由舔食。当以豆科饲草为主时，应补饲含高磷的矿物质；以禾本科饲草为主时，则钙、磷均必须补饲，以补磷酸氢钙为宜。干乳期日粮干物质应占体重的2.0％，每千克饲料干物质含奶牛能量单位 1.75，粗蛋白质11％～12％，钙 0.6％，磷 0.3％，精料和粗料比为 25：75，粗纤维含量不少于 20％。对营养状况良好的中低产母牛，一般只给予优质粗料即可。

2. 干乳后期 干乳前期结束至分娩前的这段时间为干乳后期。通常也称围产前期，即分娩前2周的时间。在干奶的后期，粗料和多汁饲料不宜喂得过多，以免压迫胎儿，引起早产。产前2~3d，日粮中可加入一些小麦麸等轻泻性饲料，以防母牛便秘。临产前母牛应逐渐增加精料，一般瘦牛早些加料，壮牛可迟些。如果外界气温过低，或在奶牛运动量大时，应对高产牛、青年母牛和瘦牛进一步增加精料，维持日粮中蛋白质含量至少在11%左右。但最大喂量不宜超过乳牛体重的1%，干乳期应禁止饲喂甜菜渣。

分娩前2周，日粮干物质应占体重的2.5%~3.0%，每千克日粮干物质应含奶牛能量单位2.0，粗蛋白质13%、钙0.2%、磷0.3%；分娩后立即改为钙0.6%、磷0.3%。精料和粗料比为40：60，粗纤维含量不少于23%。

精料的加喂方法有两种，一种是逐渐加料法，加料多少视母牛膘情和产奶量多少而定。一般开始时每天喂1~2kg，以后每周酌情增加0.5~2.5kg，到分娩前1周精料饲喂量达5~6kg。另一种方法是均衡补料法，使母牛在整个干奶后期饲喂较一致数量的精料，一般是5~6kg。

（三）干乳母牛的管理

1. 增加运动 运动可促进母牛血液循环，减少及防止蹄病、难产，防止产后瘫痪。

2. 饲喂卫生 不饲喂冰冻、腐败变质的饲料，否则易引起腹泻甚至流产。妊娠后期不要喂菜子饼、棉子饼、发芽马铃薯及有黑斑病的甘薯。冬季饮水温度最好在10~20℃。

3. 牛体卫生 应加强刷拭，每天1~2次。保持牛体清洁，培养牛的温驯性格。

4. 建怀孕牛房 干乳的怀孕牛，及产前两三个月的初产怀孕牛都集中于怀孕牛房加强饲养。产房内要保持牛床清洁，还要防范穿堂风。

5. 分娩前的管理 母牛在产前 2 周转入产房。在转群前消毒产房，铺上清洁干燥的垫草，牛床要保持清洁干燥。产房内每头牛占一个产栏，产房地面应不光滑，不应驱赶母牛，以免母牛滑倒流产。

6. 分娩后的管理 母牛产后应喂给温盐水或热盐水冲麦麸稀粥，并供应优质青粗料任其采食。

第三章
奶牛营养调控与日粮供给

一、奶牛的合理营养供应

1. 基础型饲养营养方案　本饲养方案（表3-1、表3-2）可基本满足每天泌乳15kg左右的奶牛的营养需要，并保持相对正常的繁殖性能。

表3-1　补充精料饲料配方

玉米	棉粕	葵粕	小麦麸	石粉	磷酸氢钙	食盐	矿物质	维生素 AD₃E
50%	20%	15%	10%	1.5%	1.4%	1.0%	1.0%	0.1%

表3-2　奶牛日粮配方 [kg/（头·d）]

补充精料	青贮	干草（麦秸）
6.0～7.0	16.0	3.5

2. 正常饲养营养方案　本饲养方案（表3-3、表3-4、表3-5）可满足每天泌乳25kg的奶牛营养需要。长期使用此营养供应模式，奶牛繁殖性能良好、前胃疾病发病率低。

表3-3　补充精料饲料配方

玉米	大豆粕	棉粕	葵粕	小麦麸	微生物制剂	奶牛复合预混料
56%	4%	18%	10%	6%	1%	5%

表 3 - 4 奶牛日粮配方 [kg/（头·d）]

补充精料	青贮	苜蓿干草	甜菜颗粒粕	棉子壳
7.0~8.0	18.0	3.5	2.0	1.0

表 3 - 5 营养供应分析

指标	干物质 [kg/（头·d）]	粗蛋白质 [g/（头·d）]	可消化粗蛋白质 [g/（头·d）]	泌乳净能 [MJ/（头·d）]	钙 [g/（头·d）]	磷 [g/（头·d）]
营养需要	17.27	2 559.4	1 664.1	130.92	141.0	97.5
供应指标	18.38	2 747.6	1 689.2	112.04	187.38	97.31

3. 优化饲养营养方案 本饲养方案（表 3 - 6、表 3 - 7、表 3 - 8）可满足每天泌乳 30kg 的奶牛营养需要，并保持优良的繁殖性能。该营养供应模式，可使奶牛泌乳曲线平稳、延长高产奶牛使用年限。可明显降低奶牛疾病发病率。夏季高温或应激情况下使用效果更加明显。

表 3 - 6 补充精料饲料配方

玉米	大豆粕	棉粕	葵粕	小麦麸	膨化大豆	奶牛复合预混料
56%	6%	17%	8%	5%	2%	5%

表 3 - 7 奶牛日粮建议配方 [kg/（头·d）]

补充精料	青贮	苜蓿干草	甜菜颗粒	小麦秸	啤酒糟	番茄皮渣
10.0	20.0	4.0	2.0	1.0	5.0	2.0

表 3 - 8 营养供应分析

指标	干物质 [kg/（头·d）]	粗蛋白质 [g/（头·d）]	可消化粗蛋白质 [g/（头·d）]	泌乳净能 [MJ/（头·d）]	钙 [g/（头·d）]	磷 [g/（头·d）]
营养需要	21.17	3 359.3	2 184.6	159.81	183.0	125.2
供应指标	22.86	3 530.4	2 217.2	140.34	237.50	121.98

二、奶牛的营养调控

(一) 酸中毒的营养调控措施

瘤胃酸中毒主要是由于饲喂大量的极易发酵的碳水化合物，引起牛瘤胃内酸度升高，从而导致机体功能紊乱的一种营养代谢病。

瘤胃酸中毒的营养调控措施：

(1) 合理调配饲料　注意避免饲料单一化，精、粗料配比要适当，并根据饲料来源与质量、奶牛体况、生产阶段等具体情况及时调整饲料配方。

(2) 在日粮中添加一定量的缓冲物质则能够起到稳定 pH 的作用　常用的缓冲物质有碳酸氢钠和氧化镁，它们可通过提高瘤胃液的流速、中和瘤胃产生的部分有机酸或者两方面结合来发挥缓冲效应，达到阻止瘤胃中有机酸的积累，预防瘤胃酸中毒的目的。

(3) 调控瘤胃微生物区系　瘤胃中乳酸产生菌产生乳酸和乳酸利用菌利用乳酸之间的平衡状态决定了瘤胃中乳酸是否积累。日粮添加类抗生素（如莫能菌素和泰乐菌素）均可对瘤胃酸中毒的发生产生影响。微生物制剂的添加也可对瘤胃 pH 产生有益作用。

(4) 避免使用过多精饲料　建议奶牛精饲料用量不超过12kg/（头·d）。高产奶牛可通过提高日粮营养浓度满足营养需要。

(5) 注意控制青贮用量　使用青贮时需要根据酸度控制用量，同时注意与豆科牧草搭配使用。

(二) 乳蛋白的营养调控措施

1. 影响乳蛋白率的主要因素

(1) 品种对乳成分和产奶量的影响　品种不同，乳脂肪、蛋白质含量差别较大，荷斯坦牛乳脂肪及乳蛋白含量低，而娟姗牛相对较高。

（2）年龄和胎次对乳蛋白率的影响　乳蛋白率头胎牛较高，随胎次的提高和年龄的增长，乳蛋白率略有下降的趋势。

（3）泌乳阶段对乳蛋白率的影响　泌乳阶段不同，乳脂和乳蛋白率有所变动，泌乳高峰期乳脂和乳蛋白率较低，中、后期随产奶量的下降又有逐渐回升。

（4）季节对乳蛋白率的影响　夏季较低，冬季较高。

（5）日粮营养对乳蛋白率的影响　①日粮能量不足，低水平的可发酵碳水化合物减少了微生物蛋白合成和用于合成乳蛋白的氨基酸。②干物质采食量不足，降低了瘤胃微生物和奶牛的营养供应。③蛋白质缺乏或氨基酸不平衡。④添加脂肪不合理影响瘤胃发酵。其中，能量不足是影响乳蛋白合成的第一主要因素。

2. 提高乳蛋白的综合调控措施

（1）提高干物质采食量，满足能量需要　增加干物质采食量和优质粗饲料的饲喂量，注意日粮能量和蛋白质平衡，创造最大量合成瘤胃微生物蛋白质（MCP）的环境，这是提高乳蛋白率的关键。

（2）增加非降解蛋白质，平衡日粮氨基酸　添加奶牛限制性氨基酸，奶牛的第一和第二限制性氨基酸分别为赖氨酸和蛋氨酸。对奶牛补饲氨基酸，可提高奶产量与乳蛋白含量。

（3）合理添加脂肪　日粮中添加脂肪可以优化日粮蛋白与能量指标。但如果日粮中添加脂肪不当或添加过高则会导致乳蛋白率下降，所以在提高日粮浓度时脂肪添加量不能过高，添加脂肪后的日粮中总脂肪含量以 2% 为宜，最高不超过 3%。

（4）合理使用添加剂　强化烟酸等 B 族维生素。

（5）使用复合酶及微生物制剂　如酵母等。

（三）乳脂肪的营养调控措施

乳脂率是反映奶牛生产性能的一项重要指标，也是影响奶牛业经济效益的重要因素。随着企业收购牛奶采用以质论价方式的出现，各企业在注重奶牛泌乳量的同时对乳脂率指标也提出了新的要求。提高乳脂肪的营养调控措施：①提高饲粮整体能量水平可明显改善乳脂率。②提高日粮中粗纤维含量可提高饲料乳脂率。③日粮中添加脂肪。④添加抗热应激制剂，如维生素 C 等，可在夏季起到良好的作用。⑤日粮中使用反刍动物专用酶制剂，以提高日粮整体能量利用率。⑥合理搭配精粗饲料，优化日粮蛋白能量比。

（四）夏季防止奶牛热应激的营养调控措施

奶牛是一种相对耐寒怕热的动物，体温调节能力有限。在诸多应激因素中，高温环境对奶牛的应激影响尤为突出。饲养实践，普通奶牛产乳的适宜温度为 15～20℃。此时，产热和散热维持动态平衡，奶牛产乳量高，饲料利用经济。超过适宜温度范围，产热大于散热，奶牛就要通过增加呼吸蒸发和辐射散热，或通过减少采食量进而减少体热产生来调节体温平衡。通过增加散热和减少产热仍不能维持机体的体温平衡时，就会引起体温升高，发生热应激。

奶牛热应激的营养调控措施：

1. 日粮中的总能值浓度　能量是高产奶牛日粮中的第一限制性养分。在炎热季节，奶牛食欲下降，当喂以同等能量的日粮时，由于采食量下降，会降低奶牛能量摄入量而引起产奶量下降；只有提高日粮中的总能值浓度，才能使奶牛采食到足够的能量。饲喂高糖分日粮可增加奶牛干物质采食量；脂肪能值比碳水化合物和蛋白质高很多，日粮中添加脂肪可以增加饲料的适口性，增加能量摄入量，使奶牛保持合适的体况，又可以把热应激反应降到最低限度。脂肪酸钙是一种由动植物油脂与氧化钙经皂化反应形成的能量补充剂，补饲奶牛后可安全通过前胃，在皱胃内分解成可直接吸收利用的脂肪酸和钙，从而为奶牛机体代谢提供能量，满足泌乳需要，提高泌乳性能。

2. 蛋白水平　在高温气候条件下，奶牛可消化蛋白质随总干物质摄入量的减少成比例递减。夏季高温季节可适当提高日粮粗蛋白质水平，以弥补采食量下降造成的蛋白摄入不足。添加瘤胃保护性氨基酸（特别是羟基蛋氨酸）有助于稳定产奶量和乳成分及提高产奶量。

3. 矿物质含量　热应激状态下，奶牛摄食量减少，钙、钾、钠和镁等矿物质摄入量相应减少；同时唾液大量分泌，皮肤蒸发量增加，呼吸频率加快，导致呼吸性碱中毒和代偿性代谢性酸中毒；饮水增加引起排尿增多，造成钠、钾、钙等矿物质丢失。所以，在热应激时期应采取措施增加奶牛对钠和钾的需要量。必须注意的是，钠、钾、镁含量高的日粮，只适用于泌乳奶牛，而不适用于干乳奶牛，因为干乳奶牛采食过量的钠、钾、镁饲料，容易发生乳房水肿症。

4. 维生素　正常情况下，奶牛瘤胃内可以合成 B 族维生素，高温环境造成饲料中某些维生素氧化变质，降低生物利用率。夏季为了适应高温应激，需要补充脂溶性维生素，以改善奶牛健康，提高产奶量，使热增耗减少。

5. 复合酶制剂　复合酶制剂主要含有蛋白酶、淀粉酶、纤维素酶和果胶酶系，可将饲料中的蛋白质、淀粉、纤维素、果胶等成分酶化分解，形成易被动物吸收的营养物质，从而提高饲料的消化利用率，增加产奶量，降低奶牛热应激反应。

6. 微生物制剂　微生物制剂能促进动物消化道内微生态平衡的建立，提高机体对饲料的消化吸收效率和自身抗病能力，达到防治疾病和改善生产性能的双重作用。在奶牛日粮中添加微生物制剂，能减少夏季高温条件下产奶量的严重下滑，改善奶牛的泌乳性能，增强奶牛抗热应激能力。

（五）乳房水肿的营养调控措施

乳房水肿属于正常的生理现象，所以被称生理水肿。但过度的水肿会对局部的微血管、微小淋巴管乃至乳腺组织造成损伤，严重影响正常的产奶机能，甚至造成淘汰的后果。

乳房水肿的综合调控措施：

1. 产前1个月适当补充维生素A、维生素E及硒，对预防及减缓乳房水肿具有明显效果。

2. 加强奶牛运动并按摩乳房。舍饲的奶牛在产前、产后，每天上、下午应各运动30 min，临产前2周开始每天检查并按摩乳房2～3次。

3. 控制体重，尤其是控制干奶期体重。干奶期饲喂过多精料，奶牛体重增加过快，从而导致奶牛肥胖，加上运动量过小，或趴卧时间较长，引起乳房内血液循环不畅，组织间液回流受阻而诱发乳房水肿。

4. 控制钾盐及钠盐摄入量。乳房水肿与钠盐或钾盐摄入量有密切关系。喂给奶牛施用过量钾肥土地上生产出的苜蓿，奶牛水肿病也有所提高。但不建议在围产前期停喂苜蓿。

5. 适当降低日粮营养浓度，特别是蛋白水平。

（六）防止奶牛胎衣不下的营养调控措施

胎衣不下或称胎膜滞留，是指奶牛分娩后12 h而胎衣未能完全自然排出。胎衣不下是继发子宫内膜炎和导致不孕症的重要原因，严重影响奶牛的繁殖力。

胎衣不下的营养调控措施：

1. 避免饲料原料单一　饲料原料单一是大多数牛场间断发生胎衣不下的主要原因之一。

2. 补硒　奶牛产前可根据情况补饲或注射亚硒酸钠、维生素E。我国缺硒地带很多，各种饲料的硒含量均较低，而缺硒地区奶牛胎衣不下的发病率是非缺硒地区的2～3倍。因为硒与维生素E具有协同作用，能保护细胞膜的完整性，免受过氧化物损害。而且对奶牛的正常繁殖功能有重要作用，还可预防奶牛子宫炎、乳房炎和卵巢囊肿等病。

3. 补磷、钙　产前补饲维生素 D 有助于磷钙的吸收，尤其是饲喂高能饲料时。合理的钙、磷摄入可使母牛子宫有正常收缩力，促进胎衣排出。

第四章

奶牛繁殖管理技术

第一节　规模化奶牛场奶牛繁殖管理

一、繁殖技术指标

1. 繁殖技术指标　年总受胎率≥95％，年情期受胎率≥58％，年空怀率≤5％，产后配准天数≤105d，初产月龄≤28个月，年繁殖率≥90％，半年以上未妊牛只比率≤4％。

2. 繁殖技术内涵　奶牛繁殖技术的内涵是对技术资料的统计与分析，通过统计分析，可以弄清情况、发现问题从而制订决策，因此奶牛繁殖管理必须要有繁殖记录系统（表4-1）。

表4-1　常见繁殖指标和理想条件下的最佳数值

繁殖指标	最佳数值	问题数值
分娩间隔时间	12.5～13个月	＞14个月
分娩后首次观察到的发情平均天数	＜40d	＞60d
分娩后60d内观察到发情	≥90％	＜90％
首次配种前平均空怀天数	45～60d	＞60d
受胎所需配种次数	≤1.7	＞2.5
未成年母牛配种1次受胎率	65％～70％	＜60％
泌乳母牛配种1次受胎率	50％～60％	＜40％
少于3次配种而受胎的母牛数	≥90％	＜90％
2次配种间隔在18～20d的母牛数	≥85％	＜85％
平均空怀天数	85～110d	＞140d

（续）

繁 殖 指 标	最佳数值	问题数值
空怀大于 120d 的母牛	＜10％	＞15％
干乳期天数	50～60d	＜45 或＞70d
首次分娩平均年龄	24 个月	＜24 或＞30 个月
流产率	≤5％	＞10％
因繁殖障碍引起淘汰率	≤10％	＞10％

二、奶牛场的繁殖管理

（一）发情管理

1. 发情鉴定　重视奶牛标识识别（耳标清楚、液氮烙号在背两侧、后躯臀部），规定观察法为发情鉴定的主要方法，必要时进行阴道检查或直肠检查，观察发情次数和时间为早中晚 3 次，或早晚 2 次，每个牛圈每次不少于 20min。在较大规模的奶牛场，如果奶牛安装有发情计步器，可根据计步器中参数的变化情况，通过计算机软件辅助进行发情鉴定；在挤奶设备中配套管理软件并且能够每天准确记录产奶量的牛场，也可以结合产奶量的变化辅助进行发情鉴定。平时上槽饲喂，上午、中午、下午增加巡查时间。配种员、饲养员和兽医共同配合，最好制订合理的发情管理制度。

2. 发情预报　奶牛发情周期 18～24d，根据奶牛上次发情日期及其发情周期可作出下次发情预报。对经产牛产后预计要发情和需要观察的牛可以给予喷漆颜色标记，必要时可用其他的先进手段，提高发情检出率。

3. 初情检查　对超过 13 月龄，仍未出现初情的母牛要进行生殖器官检查。

4. 产后初情检查　对产后 60d 以上不发情的母牛要进行生殖器官检查或诱导发情。

5. 异常发情检查 主要是安静发情、持续发情、发情周期过短或过长等，对异常发情的母牛要查明原因，酌情治疗或诱导发情。

6. 同期发情 在规模化奶牛场，由于季节性繁殖和充分利用圈舍的需要可以实施同期发情技术，此时更要重视发情观察。

7. 同期排卵 目前应用同期排卵技术方案处理奶牛，可以不进行观察发情就可以在比较集中的时间进行人工授精，从而达到提高受胎率的目的。

（二）配种管理

1. 初配月龄及条件 16～18 月龄，体重 370kg 以上。16～18 月龄母牛达到体成熟期，但适合配种的体重应达到成年牛体重的 70%，否则不仅影响母牛的生长发育，而且还影响其以后产奶性能的发挥。

2. 产后初配时间 产后初配时间 60～90d，最早 40d，最迟 120d。决定产后初配时间主要考虑对受胎率和产奶量的影响，据观察产后 60～90d 配种受胎率最高，产后 40d 以下配种受胎率最低。产后 50～80d 产奶量最高，产后 120d 以上产奶量最低。

3. 配前检查 配种前应检查母牛生殖道状况，对患阴道炎、子宫内膜炎的母牛暂不配种，应抓紧治疗，输精前应检查精液品质（每批次检查），精子活力达 3.5 以上，细管精液有效精子数达每剂 1 000 万个以上；性控冷冻精液每支冻精 X 精子活力达 3.0 以上，细管精液有效精子数达每剂 200 万个以上。

4. 性控冷冻精液配种参配母牛的选择条件

经产母牛：健康、营养状况好、无生殖系统疾病、无不孕症史、发情周期正常的牛。

育成母牛：14～16 月龄，体高 127cm，体重 350kg 以上、健康、营养状况良好、生殖系统正常，在注射疫苗的 30d 内，最好不用性控冷冻精液配种。

5. 输精时间和次数 适宜输精时间为发情开始后或排卵前

12h，因此可以早晨发情傍晚输精、中午发情夜间输精、晚上发情次日上午输精。一个情期内输精 1～2 次。两次间隔 8～12h。

6. 输精方法和部位　输精方法采用直肠把握输精法。输精部位以子宫体或子宫角基部为宜。性控冷冻精液应在子宫角深部输精，在卵泡发育侧子宫角大弯处的子宫角深部，并且用特制性控冷冻输精枪输精。

7. 输精的卫生要求　尽可能保证无菌操作。按人工授精操作规范执行。

8. 减少奶牛应激　配种的地方应有凉棚或在牛舍内或保定设施内，不应使奶牛处于应激状态。

9. 同期发情配种　为了提高工作效率和繁殖效率，对部分高产奶牛可以研究推广应用同期发情 TAI（定时输精）技术。

（三）妊娠管理

1. 妊娠诊断　母牛配种后最好进行 3 次妊娠诊断，第一、二次分别在配种后 60～90d 和 4～5 个月，主要采用直肠检查法，在配种后 30～60d 有条件的可用 B 超诊断。第三次在 7 个月或干奶时检查，采用腹壁触诊法和直肠检查法。有条件的也可在配种后 20～40d 采用放射免疫法（RIA）或酶联免疫吸附测定法（ELISA）检查乳汁孕酮含量作早期妊娠诊断。妊娠检查要做好记录，内容包括妊娠检查日期、操作人、结果、停奶日、预产期，并告知牛舍挤奶员、兽医做阴性乳房炎的检查，阳性的要在停奶前治好。

2. 妊娠中断　妊娠中断包括早期胚胎死亡、流产和早产的管理等。对妊娠中断的母牛应分辨类型，分析原因，必要时进行流行病学及病原学调查。对传染性流产要采取相应的卫生、防疫措施。流产类型的观察确定，由配种值班员负责，并报告技术场长，组织畜牧兽医人员研讨会诊。对可疑布鲁氏菌病和其他传染性流产，由兽医负责登记，采病料胎儿胃液、子宫阴道分泌物或其他病料，进行细菌学或病毒学检查，还应对母牛做血清学检查。对传染性流产要采取相应的卫生防疫措施。对可疑母牛个体消毒隔离，对胎儿、胎衣、污染物焚烧深埋，污染物场地彻底消毒。

（四）分娩管理

优良的分娩管理措施可以有效地、最大限度地减轻应激，降低犊牛的死亡率，管理牛群以最大限度地降低母牛难产率为目的，是一个成功牧场的关键，同时还要控制其他因素。

1. 一般要求

（1）应设置产房并执行产房卫生管理制度，以自然分娩为主。

（2）母牛在预产前15d进产房，产后15d出产房。进、出产房前进行检查，特别是对乳房和生殖道的检查。必要时可以到产后21d后出产房，及时促进子宫复旧。

（3）产房必须干燥、通风良好，在每次分娩使用后必须彻底清理并消毒。

（4）助产。检查母牛分娩征兆（乳房增大、可能发生水肿、骨盆荐坐韧带松弛、封闭子宫的黏液化后流出），准备好分娩，在1~3h强努责后、犊牛的腿应露出，若无或出现难产，则需检查胎位，必要时按产科要求进行，防止阴门撕裂。个别牛必要时应人工诱导分娩。母牛分娩应以自然分娩为主。

（5）如果决定为母牛助产、牵拉、截胎、剖宫产时，手及所有与母牛分娩接触的器械等一切物品必须严格消毒，母牛难产时应在兽医指导下助产（检查母牛时严格的消毒程序有利于最大限度地降低感染率）。必要时在子宫内投放或撒布抗生素栓剂（2~4枚）或水溶性土霉素粉8~10g。

（6）正确饲喂：正确饲喂青年母牛以减少难产率，母牛产后喂麸皮红糖盐水（麸皮1~1.5kg，食盐50~150g，温水10kg，红糖1kg）或红糖益母草膏，连续喂1~3d即可。每天1次。

（7）初生牛犊在两小时之内必须要喂上初乳。喂量2kg左右，初乳温度夏天 34～36℃，冬天 36～38℃。

（8）产后第 15 天母牛一切正常，由资料员填写好卡片：体重、产奶量、产犊情况，经畜牧技术员、兽医、配种员联合检查签字方可转出产房。

2. 分娩与接产

（1）预产期的推算　母牛的妊娠期为 280d 左右，但因奶牛的品种、遗传因素、年龄、胎次、胎儿数目及性别、季节差异、营养状况、疾病等因素影响妊娠期的长短，如怀双胎的妊娠期缩短 3～6d，公犊的妊娠期比母犊的长 1～2d。生产实践中，预产期的推算是以平均妊娠期 280d 计算，简便的方法为：配种月份减 3，配种日数加 6。

（2）分娩的预兆

1）乳房的变化　乳房充实饱满，有的乳房底部出现水肿，乳头变粗，充满乳汁、挤出的乳汁浓厚似初乳状，如出现漏奶则即将分娩。

2）骨盆韧带的变化　在临近分娩的 1～2 周，骨盆韧带开始软化，产前 12～36h，荐骨韧带后缘极度松软，尾根两侧明显塌陷。

3）阴道及外阴变化　临近分娩前数天，阴唇逐渐柔软、肿胀、阴门哆开，阴道黏膜潮红，黏液由浓厚变为稀薄，排出阴门外，有些牛阴唇出现水肿，并延展到腹下。子宫栓软化，子宫颈松软开张。

4）精神上的变化　母牛在临产时食欲不振，精神不安，时卧时起回顾后腹，频频举尾，排尿排粪。

3. 接产的准备

（1）产房的准备　奶牛至少提前 2 周进产房，夏季应防暑，冬季防寒、防贼风。产房的临产室宜宽敞，事先清扫干净，消毒，铺上清洁干燥柔软的垫草。

（2）药品及器材的准备

药品：消毒药液，如甲酚皂、新洁尔灭、碘伏、5％碘酒、75％酒精；经消毒的石蜡油或食用油；催产剂、止血剂及局部止血药等。

器材：产科器械一套，产科绳数根、止血钳、听诊器、注射器械、注射针等。此外，还有一般用具如毛巾、纱布、药棉、剪刀、肥皂、水桶、橡胶或塑料围裙等。

（3）待产牛的准备　入产房前应用温水洗净待产牛的外阴部、尾巴、尾根、肛门及臀部两侧的污物，用纱布绷带或软绵绳把尾巴系于一侧，用消毒药水消毒外阴部。

（4）接产人员的准备　接产人员应穿戴工作服、帽、长筒胶靴，系围裙，洗净并消毒手臂。

4. 接产与助产　接产人员应监视母牛分娩情况和护理新生犊牛，在发现分娩异常时需做检查，如阵缩，努责微弱，或只见阵缩及努责不见胎儿或破水，尿膜破后2h或羊膜破后1h不见胎儿外露等。做产道检查时应注意子宫颈的开张情况、胎儿大小、产道是否狭窄；胎向、胎位是否异常等。根据具体情况采取具体措施，但不要强行拉产，拉引胎儿时要和母牛努责一致当拉牛已经超过3个壮劳力时，一定再不能强行拉胎儿。当胎儿倒生时，为防止脐带被压，应及时助产。

（五）产后监护

1. 产后6h内　观察母牛产道有无损伤及出血，发现损伤及出血应及时处理。

2. 产后12h内　观察母牛努责状况。母牛努责强烈时要检查子宫内是否还有胎儿，并注意子宫脱征兆。

3. 产后24h内　观察胎衣排出情况，发现胎衣滞留及时治疗。不易剥离时投放抗生素，把露在外边的胎衣剪断，以免影响挤奶操作。

4. 产后7d内　观察恶露排出数量和性状，发现异常及时治疗。

5. 产后15d左右 观察恶露排尽程度及子宫内容物洁净程度。恶露应在15d排尽，子宫内分泌物应洁净、透明。发现异常酌情处理。

6. 产后2周内 对子宫隐性感染进行监测。

控制标准：牛群产后子宫隐性感染率＜30％。

方法：用4％的苛性钠液2mL，取等量子宫黏液混合于试管内加热至沸点。冷却后，根据颜色判定，无色为阴性，呈柠檬黄色为阳性。

如为阳性则应按隐性子宫炎及时治疗处理。

奶牛产后监控卡片见表4-2。

表4-2 奶牛产后监控卡片

产牛号	产犊日期	产前状况		分娩过程			产道及外阴		24h内胎衣排出				产后7d恶露		产后15d		产后25d检查		出产房		产后第一次发情	产后第一次配种
		精神	努责	顺产	助产	难产	良好	损伤	自落	不落	剥全	不全	用药次数	颜色	气味	处理情况	分泌物	处理情况	正常	异常	处理	日期	签字		

（六）产后母牛的护理重点

1. 产后母牛的护理一般要求

（1）及时补充营养液 及时喂以微温的麸皮红糖盐水10～20kg，最好另加益母膏250mL，以利母牛恢复体力。也可以口服产后不食口服液或者博威钙。

（2）驱使母牛站立 有利于子宫复位，防止子宫外翻。

（3）清洁牛体 用温消毒水及时洗净母牛后躯、乳房、尾巴、外阴等处污物。

（4）消毒牛床 及时清扫并消毒牛床，铺上洁净干燥的垫草。

（5）挤第一次初乳 母牛产后2h内挤第一次乳，挤出1～2kg即可。

（6）排出胎衣 一般产后4～6h排出胎衣，不应超过12h，排出的过程中应注意子宫有无外翻、产道是否有异常流血及新生犊牛的全身情况，如有异常及时报告兽医诊疗。

2. 规模化奶牛场产后母牛的护理 可以应用体温监测或者奶量变化监测，结合兽医的临床诊断进行，具体实施需要产房管理人员、产房饲养人员和兽医的配合，按照产房的护理要求进行。

有异常表现的新产母牛应采取下述治疗方案，至少重复 3d（表 4 - 3）。

（1）对发烧但采食，临床表现正常的奶牛不必使用全身性抗生素治疗。可使用促宫缩、退烧、葡萄糖和补钙类药，如果用药后第 2 天不退烧，可使用抗生素全身性治疗 3d，使用抗生素会损失部分牛奶，这样操作可以给奶牛一个不用抗生素就可能恢复的机会。

（2）对不发烧但表现有病的奶牛，使用能量类药、糖皮质激素和补钙类药物。每天检查有无真胃变位。

（3）对不发烧表现健康的奶牛应每天测试体温，并随时观察其精神状态。

（4）在确定治疗方案时，应与兽医研究，根据各自牛场的具体情况而定，但方案定出后必须按照治疗步骤进行护理和治疗。

（5）安乃近、安痛定、复方安基比林这类药物在部分国家已经禁止使用，目前最好用非甾体类抗炎药物，可以应用氟尼新葡甲胺注射液，该药具有镇痛、解热、抗炎和抗风湿作用，其效果比安乃近、安痛定、复方安基比林更好。

（七）产后繁殖机能恢复的定期检查

1. 产后 30d 左右通过直肠检查判断子宫的复旧情况 发现子宫复旧延迟或不全时应即时治疗。重点是子宫复旧，是否有子宫内膜炎。

2. 产后 45d 直肠检查子宫、卵巢状况 需要处理时要根据膘情和检查结果给予处理（若有功能黄体可用氯前列烯醇 1～3 支，若有卵泡则观察或隔 11d 后用氯前列烯醇处理，若卵巢静止则要及时催情，重点是超过 45d 不发情的牛和慢性子宫内膜炎的牛）。

表4-3　母牛产犊后10d的护理和治疗

体温高（发烧） 经产奶牛体温>39.5℃，初产奶牛>39.3℃		体温正常（不发烧） 经产奶牛体温<39.5℃，初产奶牛<39.3℃	
表现有病 下列每组中选一种药治疗	表现正常 下列每组中选一种药治疗	表现有病 下列每组中选一种药治疗	表现正常 每天重复检查体温
第1天治疗 （每类选一种药） 一、子宫收缩药 1. 苯甲酸雌二醇（一次性） 2. 催产素（3d） 3. 红糖益母草 二、退烧药 1. 安痛定 2. 复方安基比林 三、能量类药 1. 静脉注射葡萄糖 2. 丙二醇口服液 四、补钙类药 1. 静脉注射硼葡萄糖酸钙 2. 静脉注射葡萄糖酸钙 3. 静脉注射钙磷镁合剂 4. 口服速补钙 五、全身性抗生素治疗	第1天治疗 （每类选一种药） 一、子宫收缩药 1. 苯甲酸雌二醇（一次性） 2. 催产素（3d） 3. 红糖益母草 二、退烧药 1. 安痛定 2. 复方安基比林 三、能量类药 1. 静脉注射葡萄糖 2. 丙二醇口服液 四、补钙类药 1. 静脉注射硼葡萄糖酸钙 2. 静脉注射葡萄糖酸钙 3. 静脉注射钙磷镁合剂 4. 口服速补钙	第1天治疗 （每类选一种药） 一、能量类药 1. 静脉注射葡萄糖 2. 丙二醇口服液 二、糖皮质激素 1. 氢化可的松 2. 地塞米松 三、补钙类药 1. 静脉注射硼葡萄糖酸钙 2. 静脉注射葡萄糖酸钙 3. 静脉注射钙磷镁合剂 4. 口服速补钙 四、检查真胃变位	第1~10天每天检查体温。
	注：不使用抗生素	第2天和第3天 1. 如体温正常，仍采用第1天的处理方案 2. 如发烧，则采用发烧治疗方案	
第2天和第3天重复治疗并检查体温	第2天和第3天重复治疗并检查体温		

3. 产后60d仍不发情的母牛必须做直肠检查，必要时做阴道检查　若卵巢静止用HCG 2 000~3 000IU肌内注射，注射后

需 12d 检查黄体状况注射氯前列烯醇 2～3 支（0.2～0.6mg）或每 100kg 体重肌内注射三合激素 1mL。

若卵巢上有功能黄体则直接用氯前列烯醇处理，一般 2～3 支，即 0.2～0.6mg。

若有卵泡应即时给予观察，必要时在检查后第 12 天直接用氯前列烯醇处理，一般 2～3 支，即 0.2～0.6mg。

若卵巢静止或无功能黄体，此时用黄体酮 100～200mg，连续肌内注射 7～11d 或采用阴道海绵栓埋植法第 12 天用前列腺素处理。

4. 建立产后对子宫炎检、防、治制度　在检查中注意如下几点

产后 10d 左右，奶牛恶露排出后期，记录观察生殖道分泌物的性状。

产后 20d 左右观察，若分泌物异常，及时采取措施。

产后 30d 左右定期检查子宫复旧及其卵巢的恢复情况，记录观察生殖道分泌物的性状。

产后 20d 和 30d 两个阶段决定是否采取治疗措施。以上 3 个阶段的检查、预防、治疗制度是保证母牛产后 40～50d 正常发情配种的关键。根据对产后生殖机能障碍防治的研究，将奶牛产后生殖机能恢复划分为产后 1～2 周的性机能相对静止期、产后 3～5 周母牛性机能恢复的环境依赖期及 4～7 周卵巢机能恢复前后子宫复旧依赖期 3 个阶段，一般认为第二阶段是奶牛产后生殖机能的病理/生理转化期，因此该阶段是防治子宫炎的最佳时期。

以上产后监护、产后机能恢复定期检查很必要，也是繁殖控制程序中经常进行检查的环节。可能会检查出许多繁殖疾病或异常情况，可以及时治疗减少产犊间隔，从而减少经济损失。

5. 做必要的检测工作　在以上工作中必要时应对产后母牛子宫分泌物作细菌培养和药敏实验。在围产后期和泌乳高峰期必

要时定期进行牛群主要血液生化指标的检测（β-胡萝卜素、钙、磷等）。有条件时可进行乳汁孕酮测定分析。

6. 在规模化奶牛场产后繁殖管理中，要制订主要繁殖技术指标考核 对牛群繁殖的以上动态监控程序重点抓监督落实，技术上不能掌握的要请繁殖专家进行培训或请繁殖专家对奶牛场定期走访，通过制订管理措施形成制度，坚持此项工作，定期分析工作成效，不断改进繁殖管理工作水平，牛群繁殖水平将会有很大的提高。

（八）奶牛繁殖管理的其他方面

1. 繁殖计划

（1）初配月龄 对后备牛的好的饲养管理，不但能使后备母牛较早的达到适当的体格大小，同时还可提高受胎率和顺产率。荷斯坦牛至少达到350kg体重即14～16月龄的上限。

（2）产犊间隔 通常的产犊间隔是12.5～13个月。分娩后50～60d发情时即可予以配种，平均两个情期受胎，妊娠期280d，则12个月之后即可又一次分娩，但会有很多因素影响这个计划的实施。实验证明，对一些有很高泌乳能力的母牛，为了充分发挥其产奶性能，在分娩后100～120d甚至更长一些时间实施配种计划是经济的。

（3）季节性繁殖 就奶牛场自身效益和管理难度而言，避开最为炎热的七八两个月分娩，一可提高产奶量，二可减少产科疾病，三可提高受胎率。

7～8月两个月的奶牛分娩，通常只安排部分青年牛。但有时为适应市场对乳制品的需要，平衡价值与价格规律，6～8月也可有计划多安排一些牛只分娩。

（4）选种选配 应用良种公牛的冻精做人工授精，使之获得新的优秀遗传基因，提高后裔的生产性能与经济效益，是奶牛技术中周期较长、回报率最高的手段。

不同系谱的亲本奶牛相互结合的后裔，有不同程度的效应与回报率，亦有出现负效应的。所以在选择同样优秀种公牛精液时，还必须注意其结合效应，一定要注意选配，才能得到好的选种效果。

在选种选配时确定第一优秀公牛（主配公牛）时，还应考虑到受胎率与精液拮抗等因素，需同时选出一头第二优秀公牛备用。

2. 配种记录 奶牛场配种员要固定，要熟悉和掌握每头母牛的繁殖状况，并注意其配种情况，要建立详细的配种记录。奶牛繁殖工作的成败，第一是由每天几次的临场观察的效果所决定的，观察的内容包括电脑提示牛只发情，过情，异常行为，子宫（阴道）分泌物状况，配种、验胎、流产等各种信息，把这种信息及时摘记在随身的小笔记本上，随后分别输入电脑或档案卡，或安排工作的程序，是一种良好的习惯。每天应将笔记本内容按发情、配种及繁殖障碍分类，分别造册或输入电脑。

3. 牛只繁殖卡（档案） 每头奶牛在初情期之后，应建立该牛的档案（繁殖卡，表4-4）。繁殖卡内容包括牛号、所在场、舍别、出生日期、父号、母号、发情期、配种日期、与配公牛号、验胎结果（预产日期）、复验结果、分娩或流产、早产日期、难/顺产、犊牛号、重大繁殖障碍摘记等。繁殖卡内容应在发生当月固定的日期填清。

表4-4 奶牛终生繁殖卡片

牛号_____ 出生日期_____ 编号_____

与配公牛	配种日期			配次	发情距离	妊检		预产日期	实产日期	相差日期	妊娠日数	胎次	犊牛		备注
	年	月	日			日期	结果						初生体重	性别	

4. 月报表

（1）配种月报表 每月3日应将上月配种情况汇总列表

报告。

配种月报表应包括下列内容：序号、舍别、牛号、配种日期、与配公牛号、配次、耗精数与备注。报表按配种日期顺序编报。

（2）验胎月报表　每月 3 日应将上月验胎及复验情况分别列表。

验胎月报表包括序号、舍别、母牛号、与配公牛号、配种日期、验胎日期及结果、预产期。其顺序与配种报表相对应。

（3）不正产月报表　每月 3 日应将上月不正产（怀胎日≤270d）情况列表报告。

不正产月报表应包括不正产日期、舍别、母牛号、胎次、配种日期、在胎天数、与配公牛号、胎儿、胎衣、分泌摘记、原因简析等。其报表顺序按不正产日期填报。

月报表实行电脑管理的，应包括上述各条内容。

月报表均应一式二份及以上，由制表人与收表人分别签发（收），并各执一份供使用及备查。

5. 技术统计

（1）年情期受胎率　国际通常以情期受胎率来了解和比较牛群的繁殖水准和技术水准。年情期受胎率要求达到 53%～55%。

年情期受胎率的计算公式为：

$$年情期受胎率 = \frac{年受胎母牛总头数}{年发情并配种牛总头数} \times 100\%$$

年情期受胎率统计日期按繁殖年度，即上年 10 月 1 日至本年 9 月 30 日止计算。

（2）年一次受胎率　年一次受胎率可反应奶牛场人工授精员掌握配种技术的水平。年一次受胎率达到 60% 是较高水准的标志。

年一次受胎率的计算公式为：

$$年一次受胎率 = \frac{适配期第一次实施配种的牛中的受胎数}{适配期第一次实施配种的牛头数} \times 100\%$$

以繁殖年度计算。

（3）年总受胎率　年总受胎率要求达到 85%。计算年总受胎率的公式为：

$$年总受胎率=\frac{年受胎母牛头数}{年受配母牛头数}\times100\%$$

以繁殖年度计算。

中国奶业协会规定公式中的分子与分母范围为：年内 2 次受胎按 2 头计算，3 次受胎按 3 次计算，以此类推；配后 2 个月内出群的母牛不确定妊娠者不统计，配后 2 个月后出群的母牛一律参加统计，以受配后 2~3 个月的妊娠检查结果，确定受胎头数。

（4）年分娩率　年分娩率要求达到 82%。计算年分娩率的公式为：

$$年分娩率=\frac{年实际分娩母牛头数}{年应分娩母牛头数}\times100\%$$

年实际分娩牛头数：年内≥270d 分娩母牛头数减去去年内移入并分娩的母牛头数。加上出售牛中年内能分娩的母牛头数。

年应分娩母牛数为：年初 18 月龄以上母牛头数加上年初未满 18 月龄提前配种并在年内分娩的母牛头数。

中国奶业协会规定年繁殖率的计算公式与年分娩率一样，但其计算范围有以下差别：妊娠 7 个月以上中断妊娠的，计入公式分子内。年内出群的母牛，凡产犊后出群的，一律参加统计；凡未产犊而出群的，一律不参加统计，为参加中国奶业协会活动，各奶牛场在繁殖统计中，增加年繁殖率的统计内容。

为了正确计算繁殖指标，要了解以下说明。

1）牛只初配指成乳牛产后，不正产后和发育牛开配等第一次配种。

2）初配受孕指初配及受孕的牛。

3）母犊成活率＝［年内产母犊数－年内死母犊数（包括夭折）］/年内产母犊数×100%

4）年实产活犊数＝母牛分娩产下的活犊数＋出售牛中年内能分娩产犊数－年内移入牛中分娩而产的活犊数。

5）头胎牛补充率＝年内头胎牛投产头数/年初成乳牛总头数×100％

6）牛只更新率＝年内成乳牛减少数（死亡＋淘汰＋出售＋移出等）/（年初成乳牛数＋年内头胎牛投产数＋移入数）×100％

7）繁殖成活率＝年实产活犊数/年应分娩母牛数×100％

8）年应分娩母牛数＝年初18月龄以上母牛数＋年初未满18月龄提前配种并能在年内产犊之牛（包括出售的此类牛只）

9）年内不正产率＝不正产牛数/（年内分娩牛数＋年内足月死胎牛数＋不正产牛数）×100％

10）年内一次配种受胎率＝繁殖年度内初配受孕数/繁殖年度内初配牛头数×100％（繁殖年度：上年10月1日至当年9月30日）

11）受胎率＝年受胎牛头数/年受配母牛头数×100％

12）情期受胎率＝年受胎母牛总头数/（年发情配种牛总头次－配后两个月内出群的未孕牛头数）×100％

13）繁殖率＝年分娩母牛头数/年应分娩母牛头数×100％

14）年实际分娩母牛头数＝年内分娩产活犊的母牛头数＋足月死胎分娩母牛头数＋出售牛中年内能分娩的母牛头数－移入牛中产活犊的分娩母牛数－移入牛中足月死胎分娩母牛数。

三、不孕症的综合防治

防治母牛不孕是关系到全年生产任务能否完成的关键。母牛不孕，就没有乳，没有再生产。特别是大批母牛不孕时，其对全场的影响则更大，故应引起高度重视。不孕发生后，必须对其进行全面调查研究。要对饲养管理、母牛全身健康状况、精液品质作全面了解，从中找出引起不孕的主要原因，并采取积极有效的措施以消除母牛的不孕。具体做到养、护结合；饲养员、配种员、畜牧兽医技术员相结合；坚持发情鉴定要细、配种操作要细、病牛及时治疗的原则。

（一）环境控制

1. 运动场要设食盐矿物质补饲槽、饮水槽。保证足够的新鲜、清洁饮水。每年至少要全面检查1次饮水的质量。饮用水要符合卫生质量要求，冬季不饮冰冻水。

2. 做好冬季防寒、夏季防暑工作，使冬季舍温在0℃以上、夏季舍温在28℃以下。炎热时可以采用在牛舍内安装吊扇、排气扇，饮用冷却水。最好在运动场的采食区和饮水区设置凉棚。

3. 奶牛要进行适当的运动，要保证有充足的阳光照射和新鲜空气，还要改善周围环境（如植树）。

4. 运动场、牛舍要保持清洁卫生，粪便即时清除，做到及时排水，牛舍内要定期消毒。

5. 对规模化奶牛场要设置产房，狠抓产房卫生消毒和饲养管理制度的落实。

6. 设置卧床的牛场有条件的可在卧床上铺橡胶垫，其上再铺垫草（稻草等），也可以铺沙土。牛舍地面要设置防滑痕。对运动场不达标的应增加运动场的面积。

（二）营养调控

1. 保证每头牛最少吃干草 4kg/d，最好用优质干草，湿啤酒糟喂量不得超过10kg/d，甜菜渣不得超过10kg/d，棉子饼要根据棉酚含量、脱毒工艺、饲喂时间来考虑喂量，一般棉子饼粕要占精料的5%～15%，必要时在精料中添加维生素 AD_3E 粉和硫酸亚铁 0.1%（按预防量添加，与测定中的游离棉酚含量相当）。

2. 在奶牛饲喂中力求饲料多样化 提供全价日粮，对奶牛进行科学的规范化饲养。饲喂要点：①在精料中添加奶牛保健素或奶牛专用添加剂 1%。②饲料中的钙：磷＝1.5～2：1。③母牛产前、干奶期和产后 60d 期间，进行母牛膘情评分（体况），一般干奶期膘情以三级偏上，但不要超过四级为适宜，产后 60d 三级或三级偏下为宜，方法用 BCS 法。④禁止饲喂霉败、变质、冰冻饲料。⑤不能长期大量的饲喂青贮料，一般青贮料喂量是每头牛不超过 20kg/d。

3. 提倡使用 TMR（全混合日粮），定期检测水分（应在 45%～50%），高产奶牛精料中的玉米可喂破粒的，最好是压片。在冬季和夏季可以饲喂 3 次或以上，其他季节可喂 2～3 次。

（三）药物预防

1. 预防胎衣不下的发生（因其可继发子宫炎）方法是：①产前 21d 补硒和维生素 E，深部肌内注射一次亚硒酸钠-维生素 E 注射液 20mL。②产前 15d 注射亚硒酸钠一次，剂量为每 50kg 体重 2mL，同时注射维生素 E_3 4g，每天 1 次，连注 3d。③缺硒地区应经常给牛补充硒和维生素 E，按每 100kg 饲料中添加成品亚硒酸钠-维生素 E 粉 100g（以上可选一种）。

2. 对体质差、曾发生过产前、产后瘫痪、爬卧不起综合征的牛，产前 3d 内静脉注射 25% 葡萄糖 1 000mL 和 5% 葡萄糖酸钙 500～1 000mL 1～2 次。

3. 产后在 6h 之内给母牛注射苯甲酸雌二醇 20～30mg，催产素 40～60IU，以促使胎衣排出，使子宫尽早复旧，也可考虑用中药。

4. 对于高产奶牛，凡助产的牛和产后 15d 观察到有不洁分泌物的奶牛，必要时在产后 16d 用 1.5g 土霉素溶解到 500mL 生理盐水中，进行子宫灌注，每次 250mL，间隔 2～3d 1 次，处理 2～5 次，同时注射 2～4 支苯甲酸雌二醇（10～20mg），结合注射小剂量催产素或子宫收缩药物，以便促进不洁分泌物的排出，在第一次子宫注射的同时可肌内注射维生素 A、维生素 D、维生素 E，促进子宫黏膜的修复，这样达到对奶牛子宫保健的目的。

（四）不孕症的药物治疗

不孕症的治疗，因人为因素造成的不孕症可由加强饲养繁殖管理予以解决。其繁殖管理要点是：

1. 应用激素对母牛进行繁殖控制的程序 详见图 4-1。

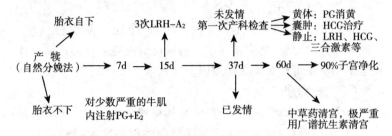

图 4-1 应用激素对母牛进行繁殖控制的程序

说明：

（1）用 PG（氯前列烯醇）消黄，只对发情周期中 5～15d 的功能性黄体有效。

（2）E_2（苯甲酸雌二醇）20～30mg，PG 0.4～0.6mg，是对子宫复旧和子宫炎的牛进行处理。

（3）20～30d 的牛若发生子宫炎，应抓紧处理。

（4）对已发情的泌乳奶牛（经产牛）可以实施同期化排卵定时输精，基本方案如下：

①在发情周期的 5～10d 注射一次 LRH（促黄体释放激素）25～50μg（当天计为 0 天），到第 7 天注射 PG 0.4～0.6mg，再隔 2d 再注射 LRH 25～50μg，过 18h 后配种或观察发情后配种。

②注射一次 LRH 25～50μg（当天计为 0 天），同时在阴道放置 CIDR（孕酮阴道栓），第 7 天撤栓，撤栓同时注射 PG 0.4～0.6mg，再隔 2d 再注射 LRH 25～50μg，同时配种或观察发情后配种。

③先注射 E_2 2～5mg 和 100mg 黄体酮（当天计为 0 天），同时在阴道放置 CIDR，第 7 天撤栓，撤栓同时注射 PG 0.4～

$0.6mg$，第 8 天注射 E_2 $2\sim5mg$，观察发情配种或 28h 后配种。

2. 主要卵巢疾病的治疗

（1）卵巢囊肿 本病在产后早期 $15\sim40d$ 易发生，有时到产后 120d 还会发生。而牛场技术人员如果检查不及时，等发现时，已经产后较长时间，应该及早进行诊断。

1）卵泡囊肿 HCG 10 000～20 000IU 静注，或黄体酮每天 1 次，100mg/次，直到无症状为止，一般需注射 14 次；奶牛卵泡囊肿也可以用中药理囊散，如果能与激素结合治疗效果更好。

2）黄体囊肿 根据囊肿大小注射 PG $6\sim8mL$，$3\sim5d$ 后可见发情。

（2）持久黄体 在高产奶牛群中所占比例较大，由于不平衡的饲养，维生素与矿物质缺乏，产奶量过高、体膘过瘦，造成新陈代谢障碍，使卵泡素分泌不足，而黄体素分泌过多，易造成持久黄体。根据黄体大小，一般注射 $4\sim6mL$ PG，$70\%\sim80\%$ 的奶牛 $3\sim4d$ 发情。同时有子宫炎的也要给予治疗。持久黄体也可以用中药促孕散，如果能与激素结合治疗效果更好。

（3）卵巢静止 产后 2 个月内的奶牛容易发生，原因是产奶量高，促乳素分泌过高，抑制了促卵泡素的分泌，体膘太差，营养跟不上等。可用人绒毛膜促性腺激素（HCG）3 000～4 000IU，LRH-A $200\sim400\mu g$，注射 HCG 或 LRH-A 后 $8\sim12d$ 进行直肠检查，如有黄体可肌内注射 PG 6mL，$3\sim4d$ $60\%\sim70\%$ 中可见发情。如仍未发情，可继续注射以上药物直至发情配种，也可用"三合激素"按每 100kg 体重肌内注射 1mL，等到第 2 次自然发情配种。也可用催情中药处理。这些方案处理后，第 1 次发情不配种，待第 2 次自然发情后配种。也可以应用中药促孕散治疗卵巢静止，对于用激素疗效不好的，有明显优势。

附：另一方法诱导发情如下：

第 1 天 P_4 100mg E_2 5mg

第2天　P_4　100mg　　　　PMSG　　　330 IU

第3天　P_4　100mg

第4天　P_4　100mg　　　　PMSG　　　330 IU

第5天　P_4　100mg

第6天　PG 0.4mg　　　　P_4　100mg　PMSG　330 IU

（说明：P_4　一般用黄体酮，E_2苯甲酸雌二醇，PMSG孕马血清促性腺激素，PG氯前列烯醇）

处理发情，如果定时输精，一般在48h、72h各输精1次，输精同时注射LRH-A_3一支（25μg）

3. 子宫炎的治疗

（1）临床型子宫炎

①对脓性子宫炎治疗第1天肌内注射大剂量雌激素20～30mg，第2天再注射一半量雌激素的同时肌内注射催产素20～60IU，并间隔4h注射1次，连续4次；第3天选用0.1%～0.2%利凡诺尔或生理盐水冲洗子宫后，以水溶性土霉素1～2g溶于250～500mL生理盐水中加温至40℃，一次宫内灌注，隔天1次，一般用4～8次即可。要根据炎症性质、轻重考虑土霉素用量和灌注次数，适用于子宫蓄脓、脓性卡他性子宫内膜炎。其优点是效果确实，价格便宜，但治疗次数多，对子宫有机械性刺激。在考虑到奶废弃的情况下，在冲洗子宫后可向子宫灌注中药清宫液50mL，可以减少经济损失。

②在注射2～3次雌激素5～10mg和催产素20～60IU（每次间隔1d），然后用复方中药制剂处理，可用中药清宫液、宫净油等产品，主要含紫花地丁、淫阳藿、益母草、红花等。优点是没有抗生素残留，缺点是单纯用中药只对轻度子宫炎疗效好，但对脓性子宫炎效果一般，必须中西药结合疗效高。

③用宫复康治病，应先清宫，后宫内注入宫复康30～50mL，轻症30mL，重症50mL，隔天1次，2～5次即可。适用于卡他性子宫炎、脓性子宫内膜炎、慢性子宫内膜炎，优点是治

疗次数少，对子宫机械性损伤的可能性小，但价格较高。

④卢戈氏液，由碘1g、碘化钾2g、蒸馏水300mL或225mL配制而成，可视宫腔容积大小，通常用50～150mL，注入子宫后通过直肠轻度按摩子宫，使药液分布均匀，必要时加等量甘油以减少对子宫的刺激而减轻努责度，隔3d1次，一般用2～5次，适用于脓性子宫内膜炎。优点是卢戈氏液除了杀菌外，还可以对黏膜起到"刮除"作用，浓度高的卢戈氏液若在母牛发情5～15d使用，会使发情周期缩短，一般在使用后第5天发情，这可能是诱导释放前列腺素所致。在使用常规浓度卢戈氏液时，同时肌内注射氯前列烯醇0.4～0.8mg，以促进不净物质排出。其优点是卢戈氏液具有净化子宫效果，价格低廉，使用面广，效果确实，无抗药性，牛乳中无抗生素残留危险的特点。

⑤临床型子宫炎治疗处理方面，可以采用子宫灌注西药和同时口服促孕促发情的中药两者结合的方案进行处理，例如，可以用醋酸氯己定（又名醋酸洗必泰），它属于阳离子表面活性剂，24g/支，内含1g醋酸氯己定，包装方便使用，以便缩短疗程，缩短药物残留期，减少废弃牛奶。

（2）隐性子宫内膜炎 青霉素160万～320万U，硫酸链霉素200万U，用生理盐水50～250mL配制成溶液，加温至40℃，在配种前6～8h或配种后10～18h注入子宫。

注意事项：①除以上治疗方法外，对于纤维蛋白性子宫炎不能进行冲洗。②对子宫炎治疗必要时配合全身治疗。③治疗要分阶段，并以抗生素和激素配合应用为主。

4. 屡配不孕牛的原因及处理措施 屡配不孕牛占成母牛的10%以上时，应视为群发性问题，应进行奶牛场现场调查分析，全群抽样（血样、尿样、乳样、饲料样）检测，分析饲料营养调配和饲养的实际，对相关不孕的基础资料进行统计调查，对这些不孕牛进行体况评分，找屡配不孕的主要原因。在临床检查中主要可用直肠检查、阴道检查，今后要逐步推广应用B超进行诊断。在高校应该建立激素检测中心，以便分析激素水平，及时采取针对性的措施，尤其是应将很难诊断的不孕牛应作为研究对象，采样做激素测定和 B 超检查诊断，然后处理。

目前，很多奶牛场都存在相当数量的屡配不孕奶牛，尤其是高产奶牛配种次数增多。而奶牛生产中发现的所谓屡配不孕，它涵盖的范围大，因为在生产中我们发现凡是经过了多次配种的奶牛，这些牛也包括了发情周期及发情期正常和不正常的奶牛，现场的兽医或者配种员就认为它是屡配不孕，它不同于在本科教材中提到的屡配不孕的概念（屡配不孕指发情周期正常及发情期正常，临床检查生殖道无明显可见的异常，但输精 3 次以上不能受孕的繁殖适龄母牛及青年母牛），事实上屡配不孕并非是一种独立的疾病，而是许多原因引起繁殖障碍的结果。屡配不孕是长期影响奶牛业生产发展的重大问题之一，引起的经济损失很大，应该引起高度重视。

(1) 屡配不孕的原因

1) 子宫炎　占 60% 以上，表现症状：子宫有炎性分泌物，但多以隐性子宫炎为主，即全身无临床症状，局部在臀部、尾根也无结脓痂及脓性分泌物，直肠检查、子宫基本正常。许多屡配不孕奶牛人工授精后可以形成受精卵（胚胎），只是由于子宫内环境问题，导致胚胎早期死亡，最终屡配不孕。

2) 卵巢囊肿　发病率相对高，但许多技术人员认为这种情况少，主要表现为反复发情，不一定引起重复发情或慕雄狂。直肠检查有一定比例并不表现所谓"外部发情症状"，而是直肠检查卵泡确实有囊肿。另外，还有一定比例黄体囊肿，但黄体囊肿久不发情。

3) 输卵管疾病　输卵管积液、输卵管炎和输卵管机能异常都会发生屡配不孕。而输卵管的堵塞一般是输卵管炎引起，可由子宫炎继发或子宫冲洗不当引起，致使精卵不能结合。输卵管机能异常会导致精子和卵子的运行异常，导致受精失败而不孕。

4）人工授精操作不卫生　对细管输精枪、颗粒输精枪未作严格消毒或不消毒，在操作过程中不注意卫生，给正常发情奶牛造成人为子宫炎，而致屡配不孕，精液的处理和运输精液细管的错误，也会导致屡配不孕，此类问题极易被人工授精员和养牛户忽视。在规模化奶牛场，技术和管理执行力差，工作的疏忽，会造成许多母牛屡配不孕。

5）营养问题　营养对胎儿的正常发育和母牛妊娠的正常进行有很大影响。如营养不足或失衡会造成母牛流产、不育、分娩并发症，及小牛发育不良、疾病等。

6）卵子的问题　卵子本身发育不全，会导致受精失败；排卵延迟或推迟配种可使卵子老化，有时虽然可以受精，但是受精卵很难存活。卵泡成熟后不能排卵及排卵延迟都会引起排卵障碍，从而引起受精失败，这与环境因素、促性腺激素分泌不足有关。

7）冷冻精液的品质　要购买正规生产的精液，以保证精液的品质，并且及时定期加液氮，取用遵守操作规程。

8）早期胚胎死亡　这是屡配不孕的主要原因。奶牛发情配种后在黄体发育的 5～7d、妊娠识别的 15～17d、胚胎与子宫内膜建立附植联系 28d 左右，研究表明，在这些时间段有较高的胚胎死亡率，主要是由于子宫内环境问题（例如发生子宫炎）、孕激素不足、妊娠识别问题以及缺乏维生素 A 引起。

（2）高产奶牛发情配种特点

1）发情监测方面易犯三大错误

记录错误：牛多时，耳标牛号不清楚，假发情或未发现怀孕给予配种。

输精时间：由于设施条件的限制以及管理方面存在问题，奶牛场配备人工授精员少、工作忙，配种太晚、太早，导致人工授精时间不适当。

产后 60d 消极等待发情：不能被动等待，应倡导人工催情，从 45d 开始对于未出现发情症状的母牛就应该开始检查，以直肠检查和 B 超诊断为主。

2) 高产奶牛发情配种特点　发情持续时间长，排卵时间尤为延长；隐性发情率高，发情不旺盛的牛多；发情配种后，早期胚胎死亡率高。

（3）多次配种和受胎率的关系

①多次配种易产生抗精子抗体，致使受胎率下降。

②产奶性能与繁殖力呈负相关。表 4-5 表明，牛群的平均受胎率与受胎率低的母牛数有很强的负相关。对某些母牛的低受胎率很难找到确定的原因。如果有足够的后备母牛就应该及时淘汰那些受胎率低的母牛，但是目前高产奶牛本身就少，后备牛培育费用高，加之奶牛价格高，奶源紧张，所以减少高产奶牛屡配不孕极其重要。

③一般随着产奶量的升高，尤其是每年单产 8t 以上的奶牛繁殖受胎呈下降趋势，这与人为控制条件的多种应激因素有关，致使奶牛发情不旺，致使受胎率下降。

④高产奶牛日粮营养不平衡，产后营养负平衡严重，因此，母牛内分泌易紊乱，多次配种受胎率下降，尤其是产后 80d 内的能量负平衡，在产棉大区可以应用全棉子提供能量和有效纤维，添加 2.5%～5%，用氢氧化钠对棉子进行破壳处理，干燥后加水再添加到全混合日粮搅拌车中饲喂，每头牛可使用 1～3kg，对降低能量负平衡有明显效果。

表 4-5　多次配种与受胎率之间的关系

| 每 100 头母牛受胎 | 妊娠母牛（%） | |
母牛头数（头）	少于 3 次配种	多于 3 次配种
70	97	3
60	94	6
50	88	12
40	78	22
30	66	34

（4）针对以上原因采取的措施

①加强对奶牛发情的观察，提高奶牛发情检出率。

②产后 15d、20～30d、45d、60d、120d，各阶段分别直肠检查，内容为：子宫分泌物洁净程度，子宫复旧，是否有子宫炎，卵巢活性，不发情或有病理性乏情的奶牛，凡超过 60d 不发情的必须检查，形成定期的专业化的检查制度，尽量把各阶段的繁殖病理情况逐步消灭在萌芽状态，及早发现问题及早处理，突出"防重于治"，阶段性直肠检查能监督治疗效果。

③增加输精次数，可在第 3 次发情时配种 2～3 次，甚至多次，间隔时间为每隔 8～12h 1 次；或在发情配种同时肌内注射 LRH - A$_3$ 1 支（25μg/支），可解决发情排卵延迟的问题，以便卵泡及早成熟破裂排卵，进而使精子和卵子结合时间适宜。

④临床诊断隐性子宫炎的 2 个方法：用子宫洗涤器（三腔子宫冲洗管）冲洗子宫，看导出回流液；用胚胎移植用的采卵管冲洗子宫看回流液。若有少量絮状物，或不洁分泌物，或稍浑浊就是隐性子宫炎。发现有轻度子宫炎或隐性子宫炎的，子宫灌注中草药清宫液 100mL 或土霉素溶液 50mL（2 克），等下次发情再配种均能受胎。冲洗子宫治疗隐性子宫炎最好用胚胎移植的冲卵管，治疗最佳时机在发情时或产后 20～30d。

⑤对于出现发情的隐性子宫炎牛，可在配前 6～8h，配后 8～12h 清宫，利用配种一次性的塑料外鞘直肠把握导入子宫体后进行子宫注射，可用氨苄西林 2～3 支，链霉素 2 支，生理盐水 50mL，溶解一次宫注。

⑥对已确诊为屡配不孕的奶牛，应更换种公牛精液，以防产生抗精子抗体现象或隔 2 个情期再配，这样隔一段时间抗体滴度会降低，可避免此种因素的影响。

⑦配种后第 5～7d 或 15～17d，肌内注射 HCG 2 000IU，HCG 有 FSH 和 LH 作用，但以 LH 作用为主，促进黄体发育，对防止由于孕酮分泌不足而引起的早期胚胎死亡有效。在配种后

28d 注射维生素 AD₃E 注射液 10mL，这样分别在这 3 个阶段起到促进黄体发育补充孕酮不足，妊娠识别正常、胚胎附植着床初步胎膜形成时促进结构的完整性，从而起到保胎作用。

⑧在预计发情前 10～20d，可用维生素 AD₃E 注射液，肌内注射，10mL 1 次，隔 10d 再注射 1 次，对于发情周期中卵巢上黄体发育功能有效，一般发情配种后黄体发育较好，可达 1.5cm 以上，使早期胚胎死亡减少。

⑨对于没有颈枷或者不是栓系的奶牛场，为了减少赶牛等影响处理效果，最好考虑使用埋栓（阴道孕酮栓）的办法来治疗不孕奶牛，当然其他牛场也可应用。这样会提高处理效果，工作效率也较高，但是有子宫炎的要先治疗子宫炎，待治愈后再埋栓处理，同时结合以上保胎措施综合处理。

应注意以上各种处理可根据实际情况选一种或几种处理，或采取综合方案。

⑩对于多次配种未孕，而且空怀时间较长的牛可以考虑人工诱导泌乳。

诱导泌乳条件：经产不孕干奶牛、不孕育成牛、不孕产少量奶的牛（这种牛必须先停奶 60d 后再诱乳）。

方法：每天按每千克体重皮下注射苯甲酸雌二醇 0.1mg，孕酮 0.25mg，连续处理 7d，然后每天肌内注射利血平 4～5mg（体重 500kg 以下的牛剂量酌减），连用 4d。或用 15 -甲基 PGF$_{2\alpha}$ 1.2mg～2.4mg 代替利血平，连用 2～4d。全部处理完后试行挤奶。处理期间，每天 3 次用温开水擦洗并按摩乳房 2～3 次，每次 15～30min。

于自然发情或诱导发情后第 4 天开始处理。每天早、晚各 1 次皮下注射苯甲酸雌二醇每千克体重 0.05mg 和孕酮每千克体重 0.125mg，共注射 11 次（5.5d），间隔 1.5d，再每天注射 1 次利血平，连续 7d，剂量为前 4d 每次 3mg，后 4d 每次 4mg（体重小于 500kg 的牛酌减）。处理期间同样要按摩乳房，全部处理完后开始试行挤奶。

诱乳激素和人用地塞米松法：采用诱乳激素，按每100kg体重2mL分早晚两次肌内注射，连续注射7d，7d后间隔5d，每天再注射地塞米松20mL，连注5d。一般在用药7d后挤出乳汁。

可用不孕奶牛催奶注射液，效果较好。

注意事项：开始7d之内挤出的乳不能食用。注射处理完以后，奶牛表现发情，此时一般不予配种，只进行子宫治疗，待下次自然发情时再配种。一般花费不多，既可使奶牛重新产奶，又可使奶牛的繁殖障碍疾病得到治疗，经济效益显著。经产牛诱导成功一个泌乳期产奶量不低于4 000kg，育成牛不低于3 000kg。所产奶的营养成分和激素含量与正常奶完全一致。对良种奶牛，尤其高峰胎次，由于繁殖障碍而被淘汰实在可惜，可以用人工诱导泌乳。

四、培训合格人工授精员

作为人工授精员应持证上岗，并且不断培训提高水平，合格的人工授精员应具备以下条件：

1. 有很强的责任心，能够做好发情鉴定，有良好的直肠把握输精技术。

2. 有良好的直肠触诊妊娠诊断技术，有条件的牛场应该要求授精员掌握用B超进行早期妊娠诊断的技术。

3. 对卵巢的状态如黄体（CL）、卵泡（F）有熟练的手感，并且掌握生殖系统疾病诊疗常规技术。

4. 具备一定的理论素养，会在生产实践中合理应用生殖激素。

5. 了解奶牛饲养管理常规技术，对繁殖管理工作积极主动，愿意不断学习提高繁殖技术水平。积极培养有工作责任心、素质高的人工授精技术人才。除此以外，奶牛场要定期或不定期进行内部人员交流，也要重视与外部取得好成绩的奶牛场技术人员进行交流，积极参加各种不同形式的培训班，提高自身素质。加强对牛场人工授精员的培训，提高他们对奶牛临床繁殖疾病诊断治疗水平，提高他们对高产奶牛繁殖保健的综合能力，尤其是在防治技术方面。

第二节　奶牛的定时输精技术

控制发情是指利用某些外源激素人为控制母畜的发情周期，使其在预定的时间内集中发情的技术。母牛处于生殖周期的不同阶段时，其卵巢卵泡也处于不同的发育阶段，其发育模式及排卵与激素的相互作用有关。前列腺素、孕酮、促性腺激素释放激素GnRH、绒毛膜促性腺激素或 PMSG 能够操纵牛卵泡波的发育模式，因此大多用于改变卵泡发育的激素在同期排卵的发情前期使用，可以提高同期化配种的受胎率。

一、定时输精

定时输精是近年发展起来的一种能使多头母畜在短时间内集中发情和集中配种，不需要观察发情就能定时进行人工授精（AI）的技术。它是在生产应用中发情观察繁琐、受胎率低的基础上提出的一种同期发情技术。

二、定时输精技术（TAI）的基本原理

定时输精技术程序的原理：第一次 GnRH 注射，诱导任何一次卵泡发育波中的卵泡排卵并形成黄体，该 GnRH 注射在促进前一波卵泡排卵后又促进新一轮卵泡发育波的出现，然后 7d 后注射前列腺素以溶解所有黄体，此时卵巢上应该存在一个来自于第 1 次 GnRH 注射后产生的卵泡发育波，达到排卵前卵泡大小的优势卵泡，该优势卵泡由于黄体溶解将继续发育，使母牛进

入发情期。再过 2d，在优势卵泡发育接近成熟时对母牛第 2 次注射 GnRH 以诱导卵泡排卵，最后在第 2 次 GnRH 注射后 16～20h 对母牛输精。这一技术在 GnRH 诱发排卵之前就已经调整了卵泡的成熟和黄体的退化，从而可以对母牛无需发情鉴定就可进行定时输精。

三、TAI 的基本程序

利用 GnRH 和 PG 的同期化排卵和定时输精技术程序（图 4-2）。同期排卵的原理是控制卵泡发育并且排卵，不用做发情检测，就可以按照一系列预定计划配种。这种方法的受胎率等于当配种员发现牛有发情表现时再进行人工授精的方法。如果 85％的牛不表现发情，即使没有发现发情或没有子宫触诊，配种员也不应该错过配种时间。

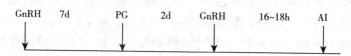

图 4-2　应用 GnRH 和 PG 的同期化排卵和定时输精技术程序示意图

说明：

（1）适用于产后 70d 不发情或初检空怀牛。

（2）无需发情鉴定。

（3）第 2 次注射 GnRH 前可以先直肠检查或 B 超检查鉴定卵泡，若无卵泡则视为无效。

（4）体况差的或患病牛不宜使用。

（5）第 2 次注射 GnRH 后配种时间有一定的变化，要以当地的临床研究规律为准。

四、基于 TAI 的不同配种方案

1. 定向改良配种方案　见图 4-3。

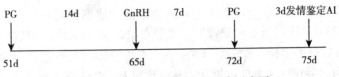

图 4-3　定向改良配种方案程序示意图

　　说明：利用一组分娩后 40～50 d 没有异常现象的母牛，通过注射 PG 对牛群发情进行控制，使之分批排卵。而且这种方法规定了发情检测的特定时间，这样就可以更有效地利用人力资源。这种方法也解决了大多数牛群都存在"安静发情"的问题。

　　2．预同步方案　见图 4-4，这种方案实际上是一种结合定向改良和同期排卵技术的形式，在产后 40d 左右开始实施，在美国大型牧场这种预同步繁殖管理技术是首选。在分娩后 39d 注射 PG，14d 后再注射 1 次。第 2 次注射 PG，牛开始表现发情时进行配种。第 2 次注射 PG 的 12～14d 之后，没有观察到牛发情，就可以使用同期排卵技术，给没有发情的牛注射 GnRH，7d 后注射 PG，48h 后注射 GnRH，16～20h 以后就可以不进行发情鉴定而人工授精。在第 1 次和第 2 次注射 PG 后，可同时检查牛子宫恢复状况，恢复不良的可进行子宫净化。

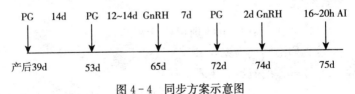

图 4-4　同步方案示意图

　　说明：
　　(1) 适用于产后 70d 发情率较差的大中型牧场。
　　(2) 提高产后 75d 参配率。
　　3．国内对基于 TAI 的应用方案　见图 4-5，产后 20d 体况评分为 2.75～3.50、子宫复旧较好、卵巢无明显卵泡和黄体的奶牛。

Ⅰ组：GnRH 配合 PG 法：一次性肌内注射 GnRH 或其他类似物 100μg，第 7 天肌内注射 PG，观察奶牛发情情况，并适时人工输精。

Ⅱ组：GnRH、CIDR 配合 PG 法：一次性肌内注射 GnRH 或其类似物 100μg，同时阴道埋植 CIDR，7d 后撤栓，同时肌内注射 PG，观察发情情况并适时人工输精。

Ⅲ组：2 次 PG 法：对产后 20d 的奶牛肌内注射 PG，10d 后肌内注射 GnRH 或其类似物 100μg，7d 后再次肌内注射 PG，72h 后观察其发情情况，并及时进行适时人工输精。

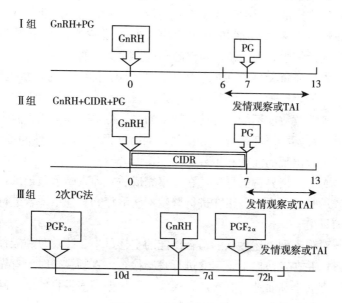

图 4-5　TAI 应用方案

说明：在撤栓前一天下午注射 PG 效果更好。

第三节 性控冻精的使用规范

与常规冻精相比，奶牛性控冻精的生产过程多了一道在不改变精子本身物理性状和遗传物质的情况下进行纯物理的体外分离过程。因此，只要清楚地了解性控冻精的分离原理及特点，就能在使用的过程中更加自如一些，其受胎率就能够达到常规冻精的使用效果。因此，在应用和推广性控冻精过程中，如何提高情期受胎率是性控冻精使用成败的关键，我们在吸取了国内大量成功使用经验的基础上，总结出一套有利于提高性控冻精情期受胎率的方法和操作要点。

1. 发情的准确观察 只有准确观察到奶牛的发情时间才能为性控冻精的适时配种提供有效的帮助。牛的发情活动具有一定规律性，大多数发情集中在傍晚、夜间或凌晨，若想观测到90%的发情牛，则必须注重傍晚和凌晨对母牛的观察。

农户应每天早晚在饲喂牛群时至少进行 0.5h 的发情观察，对于有外阴红肿、爬跨其他牛、兴奋骚动不安等症状的牛记录牛号；不能放牧或不能在运动场运动的牛，待牛吃草挤奶后静卧休息时，观察其尾部是否有分泌物，同时注意黏液的黏性和颜色，详细记录出现的症状和牛号。

对于发情异常的母牛，在观察完成后立即查阅繁殖记录，剔除产后时间不合适、正在进行繁殖疾病治疗和其他不适合进行配种的母牛。

对观察到上述症状的适合冷配的空怀母牛，应及时和配种员联系；并在发情后10～12h进行直肠检查。直肠检查时应首先判断子宫大小和质地，有无产科疾病，再根据卵泡发育状况等确定输精配种的时间。

2. 配种时间的准确判断 奶牛发情时，卵泡发育质量的好坏是受胎率的基础，故掌握卵泡的发育程度和最佳输精时间是提高受胎率的关键。在实际配种过程中，往往都是将直肠检查卵泡和外部症状观测结合起来判断配种时间。由于很多散户对奶牛的发情掌握不是很准确，因此配种人员应以直肠检查为主，外部症状判断为辅。

实际配种中，奶牛的外部表现和卵巢上卵泡的发育程度是一致的，利用直肠检查卵泡发育状况确定配种时间是最准确、最科学实用的方法。一般卵泡发育可分为4个阶段，卵泡出现小而圆（发情早期）、发育增大有弹性（发情中期）、皮熟皮薄显波动（发情后期）、排卵激流家畜疼痛（排卵期）、空腔软皮指相碰（黄体形成期），最适合配种的是发情后期。

直肠检查：结合母牛外部发情表现，通过直肠检查卵泡的发育情况，发现如下症状时立即输精：卵泡膜变薄、且表面光滑；卵泡波动感明显，有一触即破的感觉；子宫兴奋性明显降低，已感觉不到发情旺盛时子宫受到刺激后的充实感和弹性感。输精时间尽量控制在排卵前3h之内，越近越好。

外部观测：一般在发情结束后10~12h进行配种，即奶牛接受爬跨后10~12h。奶牛表现安静，外阴肿胀开始消失，阴门流出半透明的牵缕性黏液。

按照常规冻精输精方法，要求性控冻精输精时间比常规冻精输精时间推后3~4h。

3. 输精操作要点　在农村实际配种中，往往是配种人员在自己家解冻后前往奶农家进行配种，使得性控冻精在体外运输过程中受到第2次冷打击，减少了精子在子宫内的存活时间，降低了精子的受精能力。因此必须将液氮罐拿到现场，做到解冻后立即输精，缩短精子在外面存留时间。

解冻方法：从液氮罐中取冻精时，提漏中的冻精不可超过液氮罐口，在10s内取出冻精，若没有取出，应再次浸入液氮罐中几分钟后再操作，取出冻精后立即放入38℃清水中停留10s后取出，用无菌的干脱脂棉擦干，剪断封口，转入输精器准备输精。

输精时做到"轻插、慢推、缓出",严禁配种操作中动作粗暴,以防止不必要的子宫内膜损伤。输精部位要求在排卵侧子宫角。

4. 掌握好性控冻精输精方法和输精部位 利用直肠把握输精,使输精枪沿着子宫颈外口—子宫颈—子宫颈内口—子宫体缓慢推入到有卵泡发育侧的子宫角处前端,稍将枪回退0.5cm(避免枪头顶住子宫黏膜造成精液回流),推完精液后缓慢退出。在输精过程中一定要保证无菌操作,减少因污染而造成的子宫感染。

输精时不宜再次检查卵泡和卵巢,以免影响卵巢排卵。

5. 外源激素的利用 人工授精后可以肌内注射LHRH-A2、LHRH-A3等有利于促进卵巢排卵的外源性激素提高受胎率。

6. 加强参与配种的母牛群前、中、后期的饲养管理 在使用性控冻精配种过程中应该严格按照高产奶牛饲养管理规范进行饲养和管理,这是提高性控冻精情期受胎率的基础,应引起重视;同时,必须注意这期间的微量元素和维生素的供给,以保证奶牛营养全面均衡。

7. 其他 注射疫苗后的30d,不宜使用性控冻精进行配种。严格做好性控冻精的配种记录,及时观察返情状况。做好牛群的产犊记录和产后子宫治疗处理记录。

第四节　奶牛人工授精技术实施中容易忽视的问题及其解决措施

目前,全国规模化奶牛场和养殖小区很多,个别地区奶牛场有向万头发展的趋势,而在奶牛场日常工作中对奶牛进行人工授精工作必不可少,其工作都得到了技术人员和领导的重视,但是笔者经过对几十个规模化奶牛场的考察,发现人工授精操作本身存在一些问题,另外,在实施过程中缺少相关的配套措施。这些问题和配套的措施常被忽视,现提出这些问题及其解决措施。

1. 奶牛人工授精技术实施中容易忽视的问题

（1）奶牛保定及其配套设施设计不合理，不注意其安全性
在进行奶牛常规人工授精工作中，对奶牛要进行多次的直肠检查
或者人工输精，有时还需要对繁殖疾病通过肌内注射或子宫注射
药物进行治疗。目前，部分奶牛场还可能需要应用便携式 B 超
来进行早期妊娠诊断，部分场对产后奶牛分阶段定期进行繁殖机
能的监控，也需要多次进行直肠检查或其他诊断检查及其预防性
的治疗工作。因此对奶牛保定及其配套设施的设计也提出了更高
的要求。随着牛群规模的扩大，以上这些操作的效率由于此问题
受到了极大的限制和挑战。部分奶牛场在要进行操作之前，都需
要大量的人员来赶牛，即便如此工作的效率仍然较低。这些都成
为具体繁殖工作落实的障碍。在有颈枷和有合适通道保定设施的
牛场检查奶牛与在无颈枷只有简易通道保定设施牛场相比较工作
效率将提高至少 3 倍以上。少数奶牛场奶牛保定及其配套设施设
计不合理也导致了操作人员的损伤，有时也造成奶牛的损伤，这
些对奶牛场的经济损失是显而易见的。

（2）在奶牛人工授精中不重视规范性的操作　在奶牛人工授
精操作中，随意选择使用种公牛的冻精，不考虑选种选配；运
输、解冻和操作环境忽视，造成精液活力下降；奶牛外阴不清
洗；提前拽掉塑料外套，外阴的脏污和可能存在的阴道炎容易造
成塑料外鞘的污染；在进行子宫注射和冲洗时消毒不彻底，并可
能继发子宫炎，从而导致母牛不能受孕。

（3）奶牛人工授精中需要配套的繁殖管理工作容易被忽视
与繁殖有关的发情、配种、保胎、定胎、产犊、产后定期监测、
治疗繁殖疾病的记录要按照要求长期坚持，并定期进行整理，及
时上报，有奶牛场管理软件的要由资料分析人员及时反馈信息，
做好繁殖管理工作。

在进行直肠检查、人工授精等工作过程中，其检查的结果具
有时效性。而部分奶牛场，资料整理不及时，不能及时反馈信

息，不能及时处理，造成了潜在的经济损失。高产奶牛的早期胚胎死亡率很高，只重视配种工作本身，而忽视高产奶牛的配后保胎工作，同样会造成经济损失。确立奶牛发情鉴定制度，不同的牛场应根据实际情况制订，核心是要抓好落实。我们要清楚，随着牛群规模的扩大，发情鉴定的管理工作无论从技术层面还是人员管理方面，对牛场管理和人工授精等技术人员提出了更高地要求和挑战。

（4）重视常规冷冻精液的人工授精，忽视性控精液人工授精的操作要求　性控精液比常规冷冻精液人工授精要求高。部分牛场人员不能按照要求操作，不能严格进行奶牛的选择，输精时把性控精液输到排卵侧子宫角时损伤子宫内膜，人为造成子宫炎。性控精液输精不但要用较长的输精枪（要长 5~6cm），性控精液的解冻是在 38℃水浴 10s，性控精液的输精时间（发情结束后 12~14h），而且需要把性控精液输到子宫角基部，这样受胎率才比较高。

（5）工作人员被动等待式的工作，缺乏工作的责任心，忽视自身素质的提高　工作人员不能及时记录或输入繁殖资料信息，缺乏对记录资料或牛场管理软件中繁殖数据资料整理归纳能力，尤其是缺乏分析的能力，不能分析出原因提出解决的措施，因而不能及时有效的去解决问题。

进入 21 世纪，中国奶业的发展已经到了要提高质量效益注重内涵性发展的关键阶段，牛场的规模也越来越大，这就要求我们不断学习新的知识，不断提高技能，才能适应奶牛业发展的需要。目前，我国没有对人工授精这个工作岗位评定级别或职称，个别地区只是通过培训发个上岗证书就可以从事人工授精工作，也未进行分级管理。有些人工授精员的技术水平相差较大，熟练程度不一，所以需要定期组织专门的培训才能够有一定的提高。

（6）部分牛场重视技术管理人员的培训提高，而忽视对涉及繁殖技术工作人员的培训　奶牛场各个环节密切相关，因此，繁殖技术人员也应对涉及本身工作的相关人员进行培训，这样在认识上达到了同步提高，才能在繁殖工作中争取主动。

2. 针对以上问题应采取的解决措施

（1）设计合适规范的保定设施　奶牛场规划设计一定要听取有经验的畜牧工作人员的意见，在设计中提前要考虑到繁殖配种等的操作方便以及工作效率，可以考虑在经济条件许可的前提下用颈枷或设计合适的保定通道，必要时可以和体重的测定结合起来设计牛场保定通道，进行合理分群，根据奶牛具体情况进行一系列的检查和操作。

（2）按照规范化的人工授精操作要求进行操作　在合理进行选种选配的前提下，选择最佳组合遗传进展效果好的精液，针对不同奶牛场的实际情况，达到个体差异化选配和群体化的选配，从而有针对性的做好育种工作。在输精操作中清洗母牛外阴后用一次性卫生纸擦干，塑料外套、塑料外鞘和输精枪插入到子宫颈外口时，拆掉塑料外套，然后使塑料外鞘和输精枪穿过子宫颈，到达子宫体进行常规精液的人工授精，如果是性控精液则输到排卵侧子宫角基部才可以。而在治疗奶牛子宫内膜炎时可以使用一次性的子宫冲洗管，这样既卫生又方便。

在牛场内部运输已经解冻好的精液时，由于解冻精液的地方离保定牛的地点还有一定的距离，在冬季要注意不要使精液受到冷打击，人工授精员应尽快将解冻的精液输入到母牛体内。如果遇到多头奶牛发情时，可考虑将冻精分批次配种，尽量使解冻的精液在数分钟到 1h 内输完。已经解冻的精液可以装入贴身衣袋，用体温保存到达现场再配种。国外一些人工授精员到现场输精前将细管冷冻精液装入贴身的衣袋内，用体温使其解冻后进行输精。这也是一种简便而有效的方法。

如果有条件可以用专门移动式车辆，配备液氮罐和输精器材，现场解冻输精。大型牛场也可以用便携式运输箱，便携式运输箱是针对胚胎、卵母细胞、精液的运送而设计的，有内置电池，可以方便地使用汽车电源或电源充电器进行充电。通过实践发现，精子解冻后，如果需要保存一段时间，可以在低温（5℃）保存下延长精子存活时间，当然用小型液氮罐运输冷冻精液，然后到现场解冻输精效果明显较好。

夏季易有热应激，若输精场所无遮阳设施，操作时奶牛子宫血液循环减慢，子宫局部温度相对较高，影响子宫对水、电解质、营养和激素的利用，造成妊娠早期胚胎死亡率升高，当有多头发情奶牛需要输精时，环境太热也会降低精液的活力，最终影响受胎；另外，在牛舍外保定通道应用B超进行早期妊娠诊断等配套人工授精技术工作，由于光线太强也会影响技术人员对B超屏幕上声像图的观察，从而也降低了工作的效率。

在精液品质的检查方面，牛场人工授精技术人员应对每批次的精液随机抽样检查，只需要用解冻精液的一小滴观察活力即可，剩余仍然可以给发情牛输精。

（3）重视做好奶牛场的繁殖管理工作　在重视做好日常原始繁殖数据记录的基础上，应及时整理输入计算机，利用奶牛场管理软件（当然最好是与挤奶器连接，大型奶牛场还需要有局域网）对奶牛的繁殖生产资料进行处理，包括奶牛繁殖资料的收集、整理、汇总，必要时应用统计分析软件对问题进行分析，这样就可以有效地提高繁殖管理水平。

重视奶牛场繁殖管理制度的落实。通过制订科学合理的育种规划、规范化的人工授精操作规程、规范化的繁殖管理工作流程，使奶牛场的繁殖管理工作上一个大台阶，使每个工作环节都在可以控制的范围内实施。建立冷冻精液管理制度、发情鉴定管理制度、常规冷冻精液输精规范化操作规程、性控精液输精规范化操作规程、定胎检查的工作程序、繁殖疾病的诊断治疗规程、产房卫生保健制度、奶牛助产和护理工作制度、定期对产后奶牛进行繁殖机能监控的工作程序、奶牛场人工授精技术人员考核制度，这样就从制度上保证了繁殖工作科学有效地开展。

输精后部分牛会在妊娠后发生胚胎死亡和流产。胚胎死亡可能无任何明显外部症状，因此，母牛输精后继续进行观察是十分重要的。在早期胚胎容易死亡的高峰时间段（配种后 8～19d）应该对高产奶牛采取保胎措施，尤其是在妊娠识别时间（配种后 16～19d），可采取的措施有注射黄体酮或 HCG，在营养方面保证维生素 A 和维生素 E 等的充分供给，必要时也可以肌内注射。

（4）积极培养有工作责任心、素质高的人工授精技术人才

奶牛场要定期或不定期组织内部人员交流，也要重视与外部取得好成绩的奶牛场技术人员进行交流，积极参加各种不同形式的培训班，提高自身素质。国外发达国家一般都有奶牛人工授精师协会或兽医师协会，奶牛场也可在地区内组织行业内部人员组成行业协会，这样可以进行行业内部交流，取长补短，共同提高。奶牛场技术管理人员团队内部要团结协作，在此基础上加强对牛场人工授精员的培训，提高他们对临床繁殖疾病诊断治疗水平；提高他们对高产奶牛繁殖保健的综合能力，尤其是在防治技术方面。要积极培训刚工作或工作时间不长的大学生，且要考虑培训方法，尽量使他们突破临床实践操作中的"瓶颈障碍"，不定期派他们出去学习交流，使他们快速成长。否则，只是放在牛场任其发展，可能会使其对此项工作丧失信心，那么奶牛行业的后劲就不足了。

第五节 奶牛胚胎死亡率高的主要原因及预防措施

虽然奶牛场人工授精技术水平有所提高，但是许多奶牛场对配后胚胎容易死亡的关键时期和配套的保胎措施不够重视。据报道，奶牛 1 个月内的早期胚胎死亡率可达 38%，高产奶牛更高。胚胎死亡率高会导致奶牛屡配不孕，发情延迟，使奶牛的繁殖效率降低，最终影响奶牛场的经济效益。以下是规模化奶牛场奶牛

胚胎死亡率高的主要原因、诊断及预防措施。

1. 奶牛胚胎死亡的主要原因

（1）饲料营养方面

1）饲草收割、晾晒和饲草料贮存不当　饲草及时收割并且晾晒至水分适当，良好的草棚设施是保证饲草不发霉变质的前提条件，还能够保证饲草的营养成分不流失。玉米、饼粕类容易发霉，糟渣类饲料贮存不当易导致酸度升高；然而一般大部分奶牛场将干草堆放在露天场所，被雨淋湿后往往会发霉变质，还有部分牛场饲喂栏没有遮雨遮阳的顶棚，饲喂时提前把玉米青贮、湿啤酒糟、湿甜菜渣或者全混合日粮放在饲槽前，容易导致二次发酵，酸度升高，继发群体性隐性酸中毒。如果怀孕奶牛采食了这些饲草料，就会导致母体和胎儿中毒，造成胚胎的早期死亡。

2）营养因素　胚胎在母牛体内能否成功的附植，依赖于母体能否提供充足的营养物质，然而日粮供给的数量不足或种类单一，营养不足或不平衡，会影响胚胎早期的发育。另外，如果矿物质元素（Ca、P、Fe、Se、Cu、I）和维生素（维生素 A、维生素 E）严重缺乏，会导致胚胎死亡率升高。

有的牛场只喂麦草而不喂苜蓿，而玉米青贮饲喂量大或精料喂量多，会导致体内蛋白质摄入量不足或过量，也会影响胚胎的存活。冬季由于气温很低导致青贮料上冻，饲喂冰冻的青贮料会刺激母牛子宫收缩导致流产。高产奶牛产后容易出现营养负平衡（主要是能量负平衡），而奶牛产后 60～90d 是合适的配种时间段，而此时间段如果高产奶牛能量负平衡严重，则会直接影响胎儿的附植。

（2）管理方面

1）日常管理　奶牛在出入挤奶厅时由于出入口和通道过于狭窄导致部分奶牛过分拥挤、冲撞，会导致奶牛在光滑的水泥地面上突然滑倒；饲养员对奶牛的粗暴行为易造成应激反应；此外，由于牛舍设计不合理，环境卫生较差，通风不好，这些都会导致胚胎死亡率升高。

2）应激　据报道，奶牛场在6月下旬至9月初存在轻度热应激，还有些牛场在一天当中的部分时间段会存在严重热应激。部分牛场由于没有凉棚或遮阳设备，对奶牛造成的热应激比较大，从而影响奶牛的采食量，造成部分奶牛营养不良。除此之外，还影响奶牛的受胎率。研究表明，奶牛热应激反应可引起子宫血流减少进而使子宫温度升高，影响子宫对水、电解质、营养及激素的利用，结果造成妊娠早期胚胎死亡率升高。

3）配种操作　在奶牛人工授精操作中，随意选择使用种公牛冻精；解冻、运输精液不当造成精液活力下降；输精操作环境差，对奶牛外阴不清洗消毒，提前拽掉输精枪的塑料外套，就容易通过外阴的脏污和可能存在的阴道炎造成塑料外鞘的污染，进而造成人为的子宫炎；据报道，从微观细胞水平分析高产奶牛子宫复旧一般在产后60～65d完成，而奶牛产后配种时间过早且能量负平衡严重，子宫复旧还没有完成就开始配种，这些最终都会导致早期胚胎附植失败。

（3）疾病

1）子宫内膜炎　患有子宫内膜炎的奶牛其子宫内环境不利于胚胎的附植，使母体妊娠识别发生障碍，并且直接或间接地毒害精子或胚胎。子宫炎症的发生与产科疾病有直接关系，如果子宫炎症还没有彻底治好，发情配种后胚胎肯定容易死亡。

2）乳房炎　乳房炎是规模化奶牛场四大常发病之一。据报道，对患有乳房炎的奶牛进行配种后，引起胚胎死亡率是正常牛的2.8倍，即便是隐性乳房炎也会增加胚胎的死亡率。

3）传染性疫病　对规模化奶牛场而言，使胚胎死亡高发的传染病主要有布鲁氏菌病和牛病毒性腹泻（BVD）。另外，结核病、焦虫病对奶牛胚胎的死亡也有一定影响。

（4）其他因素　其他因素包括：内分泌激素的作用、免疫因素、细胞因子、妊娠识别等，以上这些都可能会引起奶牛胚胎死亡。

2. 奶牛胚胎死亡的诊断　在奶牛妊娠初期，胚胎死亡临床母牛没有明显的外部症状，奶牛主要表现为屡配不孕，返情延迟。

（1）临床症状观察和直肠检查　奶牛配种后 40d 左右（2 个情期）返情，一般是早期胚胎死亡；应间隔一定时间连续跟踪检查，如子宫没有怀孕后的变化，卵巢上无黄体，则说明胚胎已经死亡；流产后如能观察到排出死胎也可做出诊断。奶牛在配种后 1～1.5 个月直肠检查或 B 超检查已孕，但是此后又返情，再次直肠检查原有的妊娠现象消失，这种情况大部分是已经发生早期胚胎死亡。

（2）激素测定　据报道，奶牛从怀孕的第 14～16 天开始，孕酮的浓度一直维持在 $10\mu g/mL$，在配种后定期采集血清，利用 RIA 和 ELISA 测定血清中孕酮的浓度可以判断胎儿是否死亡。

（3）早孕因子（EPF）　EPF 又叫早期胎体因子，它是妊娠依赖性蛋白复合物，具有免疫抑制作用，孕后不久即出现。当早期胚胎死亡后母牛血清和乳中的 EPF 迅速消失，因此在临床上可以作为诊断的依据之一。

3. 预防措施

（1）尽量保证饲草料不发霉变质　严格控制棉子饼粕和糟渣类（酒糟、甜菜渣等）的饲喂量，玉米青贮的饲喂量也要适当。禁止饲喂发霉变质和含有某些毒素的饲料。规模化牛场最好建造专门的草棚，专门有堆放精料等饲料的设施，这些设施既要防晒又要防雨。此外，在运动场食槽上方也应搭建凉棚。

（2）保证供给全价充足的日粮　高产奶牛需要摄入足够的日粮才能维持自身和体内胎儿的营养需要，因此饲草料的种类要丰富，不能太单一，保证摄入足量的蛋白质、矿物质、微量元素和维生素。注意降解蛋白过量会对胚胎产生毒害作用，注意满足维生素 A 和维生素 E 的需要。在规模化牛场应该推广全混合日粮（TMR）饲喂技术以满足高产奶牛的日粮需要，但是要注意在用搅拌车作业时，一定要把玉米青贮和干草中发霉变质的部分挑出来，否则容易造成胚胎存活率下降，并且也容易出现低酸度酒精阳性乳。

（3）加强日常管理　制度是保证，要制订一系列饲养管理制度，并严格加以监督落实。寒冷的冬季取完玉米青贮料后可用厚篷布或秸秆盖住，避免玉米青贮料冻结成块，禁止饲喂冰冻的饲草料；在圈舍内设置饮水槽，避免奶牛饮用冰冻的水，要给予充分达标的饮用水；奶厅的出入口以及通道要设计宽敞一些，以避免奶牛通过时过分拥挤；在挤奶厅门口和牛舍内应铺设橡胶垫防滑或把水泥地面设计为菱形防滑痕；饲养员应人性化对待奶牛；牛舍和运动场的粪便要经常清理，以保持牛舍的环境卫生，尤其要重视产房的卫生消毒管理，接生助产和护理母牛的人员要经过培训，并且要有实际经验。

（4）减少应激　应根据当地的实际情况设计建造合适的牛舍，不能完全照搬内地的牛场规划设计。在炎热的夏季应采取一系列措施减少热应激，可提高饲料的营养浓度并且添加抗热应激的添加剂，主要在早晨和晚上饲喂，在运动场和采食栏搭建凉棚，牛舍内安装电扇和换气扇。

（5）注意配种的规范化操作　制订规范化的配种操作程序，培训人工授精员规范化操作，配种操作之前先用温水充分擦洗母牛外阴并消毒、擦干，然后再配种；尽量使用受精力高的种公牛冷冻精液。产后要按照要求进行子宫保健，等高产奶牛子宫复旧后再考虑处理发情配种，夏季配种的时间应避开高温时段，配种场所最好有遮阳设施。

（6）疾病的防治　对患有子宫内膜炎的奶牛要及时治疗，对患有轻度子宫炎症的奶牛在发情配种后 6～8h 最好进行清宫处理。乳房炎要进行综合性防治，尤其要重视群发性隐性乳房炎的预防和治疗。规模化奶牛场需要接种的疫苗要定期接种，布鲁氏菌病和结核病要每年严格检疫，并按照《中华人民共和国动物防疫法》的要求实施，BVD 必要时也要检测。牛场要尽量做到自繁自养。

（7）在胚胎死亡的高峰时期保胎　早期胚胎容易死亡的高峰时间段是配种后 8～19d，尤其是在妊娠识别时间即配种后 16～19d。因此，根据临床实际情况可在配种后 5～7d、配种后 15～17d 应分别对高产奶牛采取保胎措施，每次可以注射黄体酮100mg 或 HCG 1 500～2 000IU。为了高产奶牛促进产后子宫及早修复和孕后胎膜结构完整，应分别在母牛产后第 15 天和第 28天各注射 1 次维生素 AD_3E 注射液 10mL。

总之，规模化奶牛场要根据实际情况，分析胚胎死亡原因，采取有针对性的预防措施，重视高产奶牛配后胚胎死亡高峰期的保胎，才能降低奶牛胚胎的死亡率，提高牛场的繁殖效率。

第六节　常用激素的正确使用

一、注射用绒毛膜促性腺激素（HCG）

1. 作用与用途　使卵泡继续发育成熟，诱导排卵；在排卵后，使卵泡膜和粒层细胞转变为黄体细胞，并促使其分泌孕激素。

常用于：治疗卵泡囊肿；催情催熟，促进排卵；加强黄体功能，防治先兆性、习惯性流产，早期保胎，早期黄体发育不全之不孕症，产后缺奶等。

2. 用法与用量　注射时用注射用水、生理盐水等灭菌水稀释即可。

（1）诱导发情　产后 25～30d，用 1 000～1 500 IU PMSG处理，发情 12h 后肌内注射 1 000～1 500 IU HCG，同时进行第1 次配种，第 2 天上午再配 1 次，可获得正常的受胎率，并缩短产犊间隔。

（2）同期排卵 用 PG 0.5～0.6 mg 作同期处理后 48～72h 注射 HCG 1 000～1 500 IU，同时进行第 1 次输精，可使排卵进一步同期化，提高同期发情后的受胎率。

（3）治疗卵泡囊肿 肌内注射 1 万～2 万 IU HCG，可配合 10～15 mg 地塞米松（高产奶牛免用，因为会影响奶产量），一次无效者重复给药一次。配种宜在下一情期进行。治愈后应注意复发。为预防复发，宜在发情表现后肌内注射 HCG 2 000IU。

（4）治疗乏情与排卵迟缓 乏情牛肌内注射 HCG 1 000～2 000 IU，隔 7～11d 再注射；排卵迟缓牛，配种前数小时或配种时肌内注射 1 000～2 000 IU HCG。

（5）治疗黄体发育不全与预防早期习惯性流产，提高情期受胎率 在配种当天、配种后第 4～5 天各肌内注射 1 次 HCG 3 000～5 000 IU，可明显提高情期受胎率。

二、促黄体素释放激素 A3（LRH－A3）

通用名称：注射用促黄体素释放激素 A3（注射用促排卵素 3 号），俗称：多胎素。

1. 作用与用途 能促使动物垂体前叶分泌促黄体素（LH）和促卵泡素（FSH），促使卵巢的卵泡成熟而排卵，不但可使垂体已合成的激素立即释放，也能够刺激激素的合成。常用于提高产仔数，提高情期受胎率，治疗卵泡成熟度差、排卵迟缓、卵泡囊肿，加强超数排卵效果，加强黄体功能。

2. 用法与用量 注射时用注射用水、生理盐水等灭菌水稀释即可。

（1）促进卵巢功能的修复，缩短产犊间隔 在产后 8～18d 肌内注射 5～15μg，每天 1 次，连用 3d。

（2）提高受胎率 配种时肌内注射 25μg，可明显提高情期受胎率；产后 40d 左右肌内注射 25μg，间隔 6d 肌内注射 PG

0.4～0.6mg，间隔 1d 肌内注射 20μg，可明显提高产后 60d 内的受胎率。

（3）治疗卵泡发育不良、排卵迟缓　配种时或配种前 2h，肌内注射 25～30μg。

（4）治疗多卵泡发育　每天肌内注射 25μg，连用 3d。

（5）治疗卵巢囊肿　每天肌内注射 25μg，连用 5d，同时每天肌内注射 100 mg 黄体酮，为防止复发，孕后 3 个月应多次注射黄体酮。

三、黄体酮注射液

1. 作用与用途　可维持子宫黏膜及腺体的生长，分泌子宫乳，有利于受精卵及胚胎早期发育。抑制子宫肌的收缩，降低子宫肌对催产素的敏感性，有安胎作用。能促进乳腺腺泡发育，与雌激素配合，使乳腺发育完全。临床上常用于防治习惯性流产、先兆性流产、诱导发情、同期发情或超数排卵、治疗卵巢囊肿或排卵延迟等。

2. 用法与用量

（1）保胎，抑制子宫肌的收缩　给予一次量 50～100mg。

（2）用于同期发情　每天按一定剂量皮下或肌内注射 7～12d（总剂量 300～450mg）、停药后，可使被处理的母畜同期化发情。

（3）应用于奶牛诱导泌乳　与雌激素配合，促进乳腺的发育，苯甲酸雌二醇每千克体重 0.1mg，黄体酮每千克体重 0.2mg，每天 1 次，连用 4～5d。

四、PG 的使用

目前人工合成的主要有：氯前列烯醇（D 型右旋氯前列醇钠）、地诺前列腺素、氨基丁三醇前列腺素，其商品名分别为氯前列醇注射液（氯前列醇钠注射液）、律胎素、福诺。

1. 前列腺素对母牛生理的作用

（1）对卵巢的作用　主要为 $PGF_{2\alpha}$ 的溶黄体作用，$PGF_{2\alpha}$ 还可直接作用于卵泡，促进排卵。

（2）对输卵管的作用　PGE_1、PGE_2 能使输卵管上段松弛，下段收缩，PGE_3 可使输卵管肌肉松弛，$PGF_{2\alpha}$ 则能使输卵管各段松弛。

（3）对子宫的作用　主要是促进子宫平滑肌收缩，PGE、PGF 可强烈刺激子宫平滑肌收缩，对子宫颈有松弛作用。前列腺素可增加催产素的分泌量，PGE_2 可提高怀孕母牛子宫对催产素的敏感性。

（4）对受精的作用　前列腺素能促进精子在母牛生殖道内运行，可改变子宫和输卵管的张力，有利于精卵结合。

（5）对分娩的作用　前列腺素可诱发子宫在分娩时的收缩运动，还能使妊娠后期母畜体内的雌激素升高，增强催产素的作用，有利于分娩的进行。

2. $PGF_{2\alpha}$ 的投药方式

（1）子宫角内注射　注入有黄体一侧的子宫角内，效果好，用量小。

（2）子宫颈内注入　与人工输精方法相同，将 $PGF_{2\alpha}$ 注入子宫颈内，效果也较好。

（3）肌内注射　简便有效，但用药量大，一般为上述两法的 $2\sim4$ 倍。

（4）阴道注射　方法简单，但用药量大，用药后见效较慢。如果用于母牛促情，用药后出现发情的时间比子宫注射迟 2d 左右。

3. $PGF_{2\alpha}$ 在母牛繁殖中的应用

（1）控制母牛的发情周期　用 $PGF_{2\alpha}$ 对排卵 5d 后的黄体进行处理，发情后配种受胎率可达 $65\%\sim70\%$。另外，$PGF_{2\alpha}$ 还可与孕激素结合使用，而先用孕激素制的阴道栓或皮下埋植处理

7d，并在处理的第 6 天使用 PFG$_{2\alpha}$。此法处理时间短，发情受胎效果好。

（2）用于母牛人工流产和引产　母牛妊娠早期用 PGF$_{2\alpha}$ 处理流产率很高。在妊娠 263～276 d 时，用 PGF$_{2\alpha}$ 引产，可使母牛在 3d 内分娩，但易造成产后胎衣滞留。

（3）用于治疗繁殖疾病

1）治疗持久黄体　在间情期给患此病的母牛注射 PGF$_{2\alpha}$ 可使黄体明显减少，一般在用药后第 3 天发情，第 4～5 天排卵。如用氯前列烯醇（ICI-80996）500μg，注射 1 次即可。

2）治疗黄体囊肿　确诊为黄体囊肿的母牛直接用 PGF$_{2\alpha}$ 处理，5～7d 后对侧卵巢排卵。

（4）治疗子宫疾病

1）促进母牛产后子宫恢复：母牛产后 5～30d，用 PGF$_{2\alpha}$ 处理，2～7d 可排出恶露，在 5～26d 子宫可恢复正常体积。

2）清除子宫内膜炎预后残留黄体　肌内注射 PGF$_{2\alpha}$ 3～4d 后，母牛可开始发情。

3）促进子宫积液排出　对子宫积液的母牛肌内注射 PGF$_{2\alpha}$，用药后第 3 天可排出积液，第 4～5 天发情配种。

4）清除子宫积脓　用 PGF$_{2\alpha}$ 处理，24h 后 90％母牛的黄体溶解，并开始排脓，3～4d 后有发情表现。重症牛，第 1 次治疗无效时，可在 10～14d 后进行第二次治疗，用 PG 处理后，出现第 2 次发情时配种。

5）胎儿干尸化　注射 PGF$_{2\alpha}$ 24h 后黄体溶解，90～120h 可使干尸化胎儿排到阴道。此时，有经验的兽医助产取出干胎即可。

五、催产素（OT）的使用

1. 催产素对子宫的收缩作用以临产及刚分娩后更为有效，无分娩预兆时用催产素无效。

2. 催产素主要作用于子宫体，对子宫颈的作用微弱。所以，子宫颈未张开或助产过迟子宫不再收缩，子宫颈已经缩小时，用催产素效果不理想。

3. 骨盆过狭、产道受阻、胎位不正等原因引起的难产及有剖宫产史的母牛禁用，否则子宫剧烈收缩时可能发生破裂，所以在使用催产素前须先检查产道，胎位情况以及是否有剖宫产史。

4. 使用催产素时注射适量的苯甲酸雌二醇，可提高子宫对催产素的敏感性。

5. 在临床常可见到使用催产素后，使胎儿胎盘过早脱离母体胎盘导致胎儿缺氧死亡，所以催产素使用要适量。一般每次用 50～100IU，根据子宫收缩及胎儿排出情况可以考虑间隔 2～3h 再使用一次，同时结合人工助产。

6. 临床上可经常出现使用催产素后，由于母牛用力过度导致身体极度疲劳，虚弱无力，影响产犊。所以使用催产素时要加强对母牛的护理，补充足够的能量和体液。最好将催产素稀释到 5% 葡萄糖盐水中静脉注射。

六、雌激素（E）在生产中的应用

1. 诱导发情和同期发情

1）方法一　第 1～2d，E_2 5mg，P_4 100mg，其后连续用药 6～11d；每天 P_4 100mg，在第 6～11d 任意一天注射 PG 2 支，停药后发情；新西兰采用阴道埋植孕酮装置（CIDR）就是应用这一原理。

2）方法二　用 18-甲基炔诺酮 30mg，加少量消炎粉，装入带小孔的塑料细管内，埋植于耳背皮下。同时肌内注射 5mg 18-甲基炔诺酮和 E_2 4mg，9d 后取出塑料细管，过 72h、96h 两次定时输精，单用 E_2 诱导乏情母牛发情，症状明显，但大多数不排卵。

2. 促发情及促受胎　
主要适合安静发情，多因 FSH、E、P 不足引起。这里关键是判定和预测安静发情的时间。一般在预计第2次发情到来前1～2d或本次发情母牛流2～3d稀薄黏液（非疾病所致）发情表现微弱，无法准确判定其发展时给药。如肌内注射三合激素1～1.5mL（此外可肌内注射FSH 100IU或PMSG 1 600IU效果可能更好），出现发情可输精，并肌内注射促排类的生殖激素，如促排3号25μg 1支。

3. 治疗子宫内膜炎，排出子宫内容物（积水、积脓）**此类疾病的治疗** E主要起到促子宫颈口开张，促进了子宫肌收缩，排出炎性物，使子宫内膜增生，增强生殖道防御微生物的能力，往往是辅助治疗。首选治疗方案是子宫冲洗和宫注抗生素。但是有时宫口不开，就必须用E与PG协同使用，会加强子宫收缩能力，加快炎性物的排出，效果更好，一般PG（如氯前列烯醇0.1～0.2mg）采用宫注加抗生素，对于一般子宫炎（如急性、慢性的卡他性或卡他脓性的），连用2～3d即可治愈。当采用PG时，用药后2～5d可能发情，一般输精可孕。

七、三合激素注射液

通用名称：三合激素注射液，主要成分为丙酸睾酮、黄体酮、苯甲酸雌二醇。

1. 作用与用途 类固醇类激素药。能调节体内类固醇激素的平衡，促进发情和同期发情，并在怀孕早期能减少子宫张力，保持子宫安静，具有保胎的作用。临床上主要用于诱发母畜的发情和同期发情，先兆性流产和乳房炎的预防等。

2. 用法与用量 肌内注射，每100kg体重1mL。

（1）用于母畜的同期发情 对需要同期发情的母畜，每天1次，连用1～3d，可大大减少应用孕酮进行同期发情需连续注射十几天的烦琐过程。

（2）保胎 在怀孕早期配种后的1～2周使用，即受精卵未着床前处于游离状态时，注射1次三合激素，具有保胎、减少子宫张力的作用。

（3）对先兆性流产、习惯性流产和乳房炎具有良好的预防作用　每天1次，连用2～3次。

表4-6是生殖激素的种类、符号、来源及主要功能的说明。而表4-7是用于奶牛的部分常见药物弃奶期。

表4-6　生殖激素的种类、符号、来源及主要功能

种类	名称	简称	来源	主要作用	化学特性
神经激素	促性腺释放激素	GnRH	下丘脑	促进垂体前叶释放促性腺素（LH）及促卵泡素（FSH）	十肽
	催产素	OXT	下丘脑合成，垂体后叶释放	子宫收缩和排乳	九肽
垂体促性腺激素	促卵泡素	FSH	垂体前叶	促使卵泡发育和精子发生	糖蛋白
	促黄体素	LH	垂体前叶	促使卵泡排卵，形成黄体	糖蛋白
				促使孕酮、雌激素及雄激素的分泌	
	促乳素	PRL	垂体前叶	促进黄体分泌孕酮 刺激乳腺发育及泌乳 促进睾酮的分泌	糖蛋白
性腺激素	雌激素（雌二醇为主）	E	卵泡、胎盘	促进发情行为，反馈控制 促性腺管道发育，雌性生殖管道发育，增加子宫收缩力	类固醇
	孕激素（孕酮为主）	P	黄体、胎盘	与雌激素共同作用于发情行为使子宫收缩，促进子宫腺体发育，乳腺泡发育，对促性腺素有抑制作用	类固醇
	雄激素（睾酮为主）	T	睾丸间质细胞	维持性第二性征、副性器官刺激精子发生，性欲，好斗性	类固醇十肽
	松弛素		卵巢、胎盘	促使子宫颈耻骨联合，骨盆韧带松弛，妊娠后期保持子宫松弛，参与性别分化	
胎盘激素	抑制素 绒毛膜促性腺激素	HCG	睾丸卵巢 灵长类胎盘绒毛膜	抑制FSH或LH分泌及作用等 与LH相似	多肽 糖蛋白

（续）

种类	名称	简称	来源	主要作用	化学特性
促性腺激素	孕马血清促性腺激素	PMSG	马胎盘	与FSH相似	糖蛋白
其他	前列腺素	PGs	广泛分布，精液最多	溶黄体作用还有多种生理作用	不饱和脂肪酸

表4-7　用于奶牛的部分常见药物弃奶期

序号	药物制剂名称	弃奶期（d）	休药期（d）	备注
1	氨苄西林混悬注射液	2		
2	注射用氨苄西林钠	2		
3	普鲁卡因青霉素注射液	2		
4	复方磺胺嘧啶钠注射液	2		
5	注射用氨苄西林钠	7		
6	注射用青霉素钾	3		
7	注射用青霉素钠	3		
8	注射用苄星青霉素	3		
9	注射用硫酸链霉素	3		
10	地塞米松磷酸钠注射液	3		
11	阿莫西林注射液	4		
12	硫酸卡那霉素注射液	7		
13	复方磺胺对甲氧嘧啶钠注射液	7		
14	硫酸庆大霉素注射液			
15	注射用盐酸四环素	2		
16	注射用氯唑西林钠	2		
17	头孢氨苄乳剂	2		
18	氯唑西林钠、氨苄西林钠乳剂（泌乳期）	2		
19	注射用苯唑西林钠	3		
20	注射用普鲁卡因青霉素	3		

（续）

序号	药物制剂名称	弃奶期（d）	休药期（d）	备注
21	注射用硫酸双氢链霉素	3		
22	注射用乳糖酸红霉素	3		
23	注射用氨苄西林钠	7		
24	硫酸双氢链霉素注射液	7		
25	注射用硫酸卡那霉素	7		
26	苯甲酸雌二醇注射液	7		
27	苯甲酸雌二醇子宫注入剂	7		
28	乳酸环丙沙星注射液	3.5		
	恩诺沙星注射液			
29	黄体酮注射液		30	泌乳牛禁用
30	氯前列醇注射液		1	
31	氯前列醇钠注射液		1	
32	注射用氯前列醇钠		1	
33	苄星氯唑西林注射液		28	泌乳牛禁用
34	注射用盐酸金霉素			泌乳牛禁用
35	替米考星注射液			泌乳牛禁用
36	缩宫素注射液			
37	垂体后叶注射液			
38	黄体酮阴道缓释剂			
39	注射用绒促性素			
40	注射用血促性素			
41	注射用垂体促卵泡素			
42	注射用垂体促黄体素			
43	注射液促黄体素释放激素 A_2			
44	注射液促黄体素释放激素 A_3			
45	醋酸促性腺激素释放激素注射液			
46	维生素 AD 注射液			
47	醋酸氯己定			
48	醋酸氯己定子宫灌注剂			

第五章

奶牛主要繁殖疾病

第一节　卵巢机能减退及不全

　　卵巢机能减退是卵巢机能暂时受到扰乱，处于静止状态，不出现周期性活动。如果机能长久衰退，则会引起卵巢组织萎缩和硬化。卵巢机能不全时有发情的外部表现，但不排卵或排卵延迟；或有排卵，但无发情的外部表现（安静发情）。

一、病因

　　1. 卵巢机能减退往往是由于子宫疾病、全身的严重疾病，以及饲养管理、利用不当等，使奶牛身体衰弱所致。气候因素也可引起卵巢机能的暂时减退，如受热应激的奶牛可能会分泌更高水平的黄体酮，以致影响发情期 LH 分泌。

　　2. 安静发情是卵巢机能不全的一种表现。其原因之一可能是在卵泡发育时，需要有上一次的黄体所遗留下来的少量孕酮作用于中枢神经，使它能够接受雌激素的刺激，而表现发情。产后第一次发情或初情期的母牛往往表现为安静发情。

　　3. 维生素 A 缺乏时可导致卵巢机能减退。

二、症状及诊断

　　卵巢机能减退和不全的特征是母牛发情周期延长和长期不发情，发病的外表征象不明显，或者出现发情征象，但不排卵。

　　直肠检查，卵巢的形状和质地没有明显的变化，也摸不到卵泡和黄体，有时只可在一侧卵巢上感觉到有一个很小的黄体残迹。

卵巢萎缩时则质地变硬，体积显著缩小，卵巢上既无黄体又无卵泡。如果每隔1周检查1次，经几次检查仍无变化即可作出诊断。卵巢萎缩时，子宫的体积往往也会缩小。

三、治疗

分析引起卵巢机能减退的原因，针对性改善饲养管理并治疗造成卵巢机能减退的原发性疾病。

1. 维生素A疗法　每10d肌内注射1次维生素A，剂量100万～150万IU，连续注射3次后可见卵巢机能恢复。

2. 激素疗法

（1）孕马血清促性腺激素（PMSG）　注射剂量为1 500～2 000IU。为防止发生过敏反应，先肌内注射1～2mL，过1～2h后再全量注完。注射后第7～8天，50%～80%的牛出现发情和性欲，第1次发情时输精，受胎率虽不超过15%～20%，但至第2或第3次发情时输精，受胎率即明显提高。必须注意，PMSG往往能刺激几个卵泡生长和成熟，排出两个或多个卵泡，造成双胎妊娠。

（2）促卵泡素（FSH）　100～200IU，一次肌内注射，隔1～2d再用1次。

（3）人绒毛膜促性腺激素（HCG）　静脉注射剂量为2 000～3 000IU，肌内注射为5 000～15 000IU，必要时，间隔1～2d重复1次。有的牛在重复注射时可能出现过敏反应，剂量过大也有超数排卵作用，应引起注意。

（4）苯甲酸雌二醇8～12mg，一次肌内注射　雌激素有刺激母畜性欲及兴奋生殖道的作用，而无直接刺激卵泡发育的功能。因为在雌激素的作用下，可使生殖道血管增生，血液供给旺盛，机能增强，从而摆脱生物学上的静止状态，使其恢复正常机能。使用雌激素后的首次发情时不排卵，也不必输精，但以后的周期中可能正常发情及排卵。要注意雌激素用量不能过大或反复应用，以免引起卵泡囊肿及阴道脱出等。泌乳牛应用雌激素后可造成奶量暂时下降。

合成丘脑下部促性腺激素释放激素，每次肌内注射量为0.5～1mg。

临床上用三合激素也可以。

3. 中药治疗　用复方淫阳汤：淫阳藿100g、阳起石120g、当归50g、赤芍50g、菟丝子60g、补骨脂60g、枸杞50g、熟地50g、益母草120g，煎汤，隔日1剂，连用3剂。因多数病例伴有子宫弛缓，可加党参60g、黄芪100g、白术60g、柴胡40g、升麻40g、陈皮60g。

结合以上疗法，补糖补钙及肌内注射维生素E，对本病的恢复有良好效果。

第二节　卵巢囊肿

卵巢囊肿可分为卵泡囊肿和黄体囊肿两种。卵泡囊肿是由于卵泡上皮变性，卵泡壁结缔组织增生变厚，卵细胞死亡，卵泡液未被吸收或者增多而形成的。黄体囊肿是由于未排卵的卵泡壁上皮黄体化而形成的（黄体化囊肿）；或者是正常排卵后由于某些原因，黄体化不足，在黄体内形成空腔，腔内聚积液体而形成的（囊肿黄体）。囊肿黄体与卵泡囊肿、黄体化囊肿在外形上显著不同，囊肿黄体有一部分黄体组织突出于卵巢表面。囊肿黄体不一定是一种病理状态，卵巢囊肿通常是指卵泡囊肿和黄体化囊肿。

卵巢囊肿的经典定义是不排卵的卵泡持续10d或更长时间，直径大于2.5cm并导致不发情或成为慕雄狂。

奶牛的卵巢囊肿多发生于第3～5胎产奶量最高期间，而且以卵泡囊肿居多，黄体囊肿占25%左右。

一、病因

一般认为卵巢囊肿是由于控制卵泡成熟和排卵的神经内分泌机能发生障碍引起的，但其发病环节常难以确定。

1. 促黄体素（LH）不足，用 LH 及有关的制剂治疗囊肿效果很好。据此说明囊肿和内分泌失调有关，即黄体素分泌不足或促卵泡素（FSH）分泌过多，使卵泡过度生长而不能正常排卵和形成黄体。

2. 含高雌激素的饲料或雌激素药物可造成卵巢囊肿，因为雌激素可能干扰正常的 LH 释放。

3. 引起皮质类固醇升高的应激可能促成卵巢囊肿，因为促肾上腺皮质激素（ACTH）会阻碍排卵前 LH 的释放。因此，卵巢囊肿多见于泌乳早期。

4. 有时牛群因硒缺乏或饲料中可溶性蛋白水平过量而使卵巢囊肿的发病率升高。另外，高产奶量本身亦可造成卵巢囊肿多发。干奶期过肥的牛在下一个泌乳期也容易发生卵巢囊肿。

5. 在生产上，健康的子宫内膜和卵巢功能间的互相作用非常重要。实践证明，子宫内膜炎是导致卵巢囊肿的诱因。

6. 本病可能与遗传有关。淘汰具有卵巢囊肿遗传素质的母牛和公牛，后裔发病率即显著下降。

二、症状与诊断

1. 症状 本病多见于产后 15～45d，部分病例延迟至产后 120d 才发生。发病率为 5%～20%。按性行为表现分两种类型：一种是频繁或持续发情即慕雄狂；另一种是根本不发情。后者多于前者。

慕雄狂的症状是患牛极度不安、大声哞叫、咆哮、拒食、频频排粪和排尿，经常追逐和爬跨其他母牛。产奶量降低，有的乳汁带有咸味，乳汁煮沸时发生凝固。由于其经常处于兴奋状态，体力过度消耗，而且食欲减退，所以往往体质消瘦，被毛失去光泽。慕雄狂的病牛性情凶恶，不听使唤，有时攻击人、畜。

卵泡囊肿时间长的病牛，特别是有慕雄狂症状时，其颈部肌肉逐渐发达增厚，状似公牛。荐坐韧带松弛，臀部肌肉塌陷，并且表现特征性的尾根抬高，尾根与坐骨结节之间出现一个深的凹陷。阴唇肿胀、增大，阴门中排出数量不等的黏液。长期表现慕雄狂的病牛，可以发生骨骼严重脱钙，甚至会在反常爬跨期间发生骨盆或四肢骨折。

不发情的卵泡囊肿牛，长期看不到发情，几个月或更长时间。有些卵巢囊肿牛，开始时为不发情型，以后变为慕雄狂型。也有慕雄狂型转为不发情型的（即卵泡性囊肿变成黄体性囊肿）。

2. 卵泡囊肿　直肠检查可以发现卵巢上有 1 个或数个紧张而有波动的囊泡，直径一般超过 2cm，大于卵泡，有的达到 5～7cm，有的牛为许多小的囊肿。如果囊肿的大小与正常的卵泡相等，为了鉴别诊断可间隔 2～3d 再检查 1 次，正常卵泡届时均已消失。进行多次直肠检查，可以发现囊肿交替发生和萎缩，但不排卵，囊壁比正常卵泡厚。子宫角松软不收缩。

长期拖延的卵泡囊肿病牛可以并发子宫内膜炎和子宫积水。

3. 黄体化囊肿　主要外表症状是不发情。直肠检查可发现囊肿多为 1 个，大小与卵泡囊肿差不多，但壁厚而软，不那么紧张。为了与正常卵泡鉴别，需要间隔一定时间多次重复检查，黄体化囊肿存在的时间比卵泡囊肿长，若超过一个发情周期以上，检查的结果相同，母牛仍不发情，就可作出判断。

但在临床上仅靠直肠检查区别卵泡囊肿和黄体囊肿，还是有较大误差的。可采用放射免疫测定血浆黄体酮含量来确诊，卵泡囊肿和黄体囊肿的血浆平均黄体酮水平分别为 $0.23\mu g/mL$ 和 $3.8\mu g/mL$，差异显著。但由于黄体酮水平很容易改变，且许多奶样黄体酮试验非常敏感。因此，超声扫描是临床区分卵泡囊肿和黄体囊肿最准确的方法。

三、预后

患病后治疗越早，预后越好。据统计，奶牛患病后 6 个月以内治愈，受孕率为 90%；而 6～12 个月的治愈率只有 60%～70%。单侧一个囊肿的比双侧或多囊肿的预后较好。发病时间较长、囊肿数目较多时，治愈率低。治愈的母牛下一胎分娩后复发率为 20%～30%。引起子宫内膜严重变性、子宫萎缩及积水的病例，预后谨慎。也有一些卵泡囊肿病例，不经治疗可自行恢复，这类情况主要见于产后早期。

四、治疗

1. 促黄体素（LH）　100～200IU，一次肌内注射。对卵泡囊肿和黄体囊肿都可应用，一般在注射后 3～6d 囊肿即形成黄体，症状消失。15～30d 恢复正常发情周期。如用药 1 周后外表症状未见好转，直肠检查也未见改进时，可第 2 次用药，而且剂量比第 1 次应稍加大。

2. 促黄体素释放激素（LHRH）　促黄体素释放激素 3（促排卵 3 号），每天 25 μg，一次肌内注射，连用 5d。同时，每天肌内注射黄体酮 100mg。在注射后间隔 9～12d 进行直肠检查，如有明显黄体，则可用前列腺素类药物诱导发情。

3. 绒毛膜促性腺激素（HCG）　一次肌内注射 10 000IU 或静脉注射 5 000IU。HCG 具有促黄体形成的作用，对卵巢囊肿的治愈率平均在 75% 左右。

4. 黄体酮　每次肌内注射 100～150mg，每天或隔天注射 1 次，连用 2～5 次。用药 2～3 次后外部症状消失，经 10～20d 可恢复正常发情。也可用黄体酮 125～250mg 肌内注射，同时静脉注射 HCG 3 000～5 000IU，疗效较单独使用好。

5. 治疗卵巢囊肿的同时，要给子宫灌注抗菌药物　既可防治子宫内膜炎，又能提高卵巢囊肿的治愈率。

第三节　持久黄体

妊娠黄体或发情周期黄体超过正常时间不消失，称为持久黄体。在组织构造和生理作用方面，持久黄体与妊娠黄体或发情周期黄体没有区别。持久黄体同样可以分泌孕酮，抑制卵泡发育，使发情周期停止循环，引起不育。

一、病因

1. 舍饲牛运动不足，饲料单一，缺乏矿物质及维生素等均可引起黄体滞留。寒冷的冬季且青干草不足也易发生持久黄体。产奶量高的牛可能由于能量负平衡而多发此病。

2. 继发于各种子宫疾病，如子宫内膜炎、子宫积脓及积水、存有死胎、产后子宫复旧不全等，都会使黄体不能及时吸收，而成为持久黄体。

二、症状与诊断

持久黄体的主要特征是发情周期停止循环，母牛不发情。直肠检查时可发现一侧（有时为两侧）卵巢增大，表面有或大或小的黄体突出。黄体表面粗糙，而且可以感觉到它们的质地比卵巢质硬。子宫没有变化，但有时松软下垂、稍粗大，触诊时收缩反应差。

如果母牛超过应当发情的时间不发情，间隔5～7d进行两次以上检查，在卵巢的同一部位可摸到同样的黄体，即可诊断为持久黄体。为了与怀孕母牛的黄体加以区别，必须仔细触诊子宫。

三、预后

没有并发病时预后良好。改进饲养管理、增加运动、减少挤奶量，可使黄体消退而恢复发情，但所需时间较长。在绝大多数病例，采用适当治疗以后多能正常发情。但因衰老、全身健康状况不佳或其他生殖器官疾病引起的持久黄体，预后应当谨慎。

四、治疗

治疗持久黄体应从改善饲养管理及利用入手，配合药物治疗。首先确定有无原发性子宫疾病，如由子宫疾病引起的持久黄体，在子宫疾病治愈后黄体可自行消退。

1. 治疗持久黄体的特效药物为前列腺素（PG）类 氯前列烯醇 0.4mg，肌内注射，一般用药后 3～5d 可发情。

2. 催产素 每次 100IU，肌内注射，每 2h 肌内注射 1 次，连用 4 次也有一定疗效。

3. 中药 党参 60g、黄芪 120g、当归 60g、赤芍 60g、白术 60g、桃仁 50g、淫阳藿 80g、益母草 120g、三棱 50g、莪术 50g、大黄 50g、丹皮 50g、甘草 30g，煎汤，每天 1 剂，连用 3～5 剂。

第四节 慢性子宫内膜炎

慢性子宫内膜炎多由急性子宫内膜炎转变而来，或为缺乏全身症状的局部感染，是不孕的主要原因之一。

一、病因

1. 引起慢性子宫内膜炎的主要病原有大肠杆菌、链球菌、葡萄球菌、变形杆菌、棒状杆菌、布鲁氏菌及化脓性放线菌等。

2. 输精时消毒不严，分娩助产时不注意消毒及操作不慎，可将微生物带入子宫，引起感染。

3. 子宫复旧不全、胎衣不下等也可能并发子宫内膜炎。

4. 有研究表明，雌激素能阻止子宫感染，而孕酮水平维持时间延长会促使感染发生。因为雌激素能增强中性粒细胞的功能，中性粒细胞和吞噬细胞的作用对于机体抵御子宫内膜炎的自然抵抗力很重要。

5. 代谢病如低血钙也容易引起子宫感染。

二、症状与诊断

根据炎症性质的不同，慢性子宫内膜炎可以分为卡他性、卡他性脓性和脓性三类。当子宫不发生形态学上的变化时，称为隐性子宫内膜炎。慢性卡他性子宫内膜炎有时可以发展成为子宫积水。慢性脓性子宫内膜炎有时可以发展成为子宫积脓。

1. 隐性子宫内膜炎　其特征是子宫不发生形态学上的变化，直肠和阴道检查也无任何变化，发情周期正常，但屡配不孕。发情时从子宫排出的分泌物较多，有时分泌物不清亮，略为混浊。

比较可靠的办法是进行子宫冲洗液检查。将冲洗回流液静置后发现有沉淀，或偶尔见到有蛋白样或絮状浮游物时，即可诊断为隐性子宫内膜炎。这些沉淀和浮游物是异常游走白细胞、黏液和变性脱落的子宫黏膜细胞形成的。

2. 慢性卡他性子宫内膜炎　其特征是子宫黏膜松软和增厚，有时甚至发生溃疡和结缔组织增生，而且个别的子宫腺可以形成小的囊肿。阴道中经常排出一些黏稠混浊的黏液吊于阴门下角并黏附于尾部（图 5-1），发情或卧下时流出较多。但子宫颈封闭时则见不到有黏液排出。

子宫冲洗回流液略混浊，呈清鼻液或淘米水样。

直肠检查时可感到子宫角稍变粗，子宫壁增厚，弹性减弱，收缩反应差。但应注意根据病史、胎次及两角大小的差别与妊娠1个月左右的子宫加以鉴别。

3. 子宫积水　子宫内积聚有棕黄色、红褐色或白色稀薄或黏稠的液体。通常由慢性卡他性子宫内膜炎发展而来。由于慢性

图 5-1　黏液附于尾部

炎症过程中子宫腺的分泌机能增强，子宫颈管囊肿、阻塞不通，以致子宫内的炎性渗出物不能排出，而形成积水。

患牛往往长期不发情，从阴道中不定期地排出分泌物。如果子宫颈完全封锁，直肠检查时则可发现子宫颈正常或变细小，不易找到。子宫角中若聚积的液体过多则可增大到如怀孕2个月的子宫，或者更大，两角分叉处清楚。触诊感觉子宫壁很薄，有明显的液体波动感。两子宫角大小几乎相等，若挤压则能感觉到一个子宫角中的液体可以流入另一个子宫角。摸不到胎儿和子叶。卵巢上有时有黄体。

鉴别子宫积水与同等大小的怀孕子宫，困难很大。为了作出正确诊断，除注意子宫壁是否很薄、有无收缩反应、液体波动是否很明显外，还必须进行多次检查。在子宫积水时，每隔10～20d检查1次，发现子宫不随时间增长而相应增大，有时几次检查两子宫角的大小不恒定，原来较小的一个子宫角可能变得比对侧子宫角大。用超声探查容易确诊。

4. 慢性卡他性脓性子宫内膜炎　其特征基本上与慢性卡他性子宫内膜炎一致，但病理变化比较深重。子宫黏膜肿胀，剧烈充血和淤血，同时还有脓性浸润，上皮组织变性、坏死和脱落，有时子宫黏膜上有成片的肉芽组织或瘢痕。子宫腺可能囊肿。

　　病牛有轻度全身反应，精神不振，逐渐消瘦，有时出现前胃弛缓及轻度消化紊乱。发情周期不正常。频繁小便（图 5-2），经常翘尾（图 5-3）。阴门排出灰白色或黄褐色稀薄脓液（图 5-4），尾根、阴门和飞节上常粘有阴道排出物或干痂。

　　直肠检查可见子宫角增大，收缩反应微弱，壁变厚，且厚薄

图 5-2　频繁小便

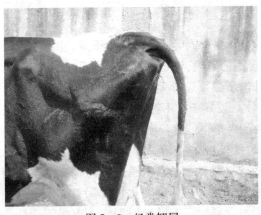

图 5-3　经常翘尾

图5-4　阴门排出的灰白色或黄褐色稀薄脓液

和软硬度不一样。若子宫内聚积有分泌物时，则感觉有轻微波动。

冲洗回流液混浊，其中夹杂有小脓块或絮状物。

5. 慢性脓性子宫内膜炎　其主要症状是阴门中经常排出脓性分泌物，卧下时排出较多（图5-5），阴门周围及尾根上黏附有脓性分泌物，形成干痂。

图5-5　卧下时阴门内排出较多的脓性分泌物

直肠检查与卡他性脓性子宫内膜炎所见症状相同。有时在子宫壁与子宫颈壁上可以发现脓肿。

冲洗回流液混浊,似稀面糊,有的是黄色脓液。

6. 子宫积脓 子宫内积留大量的脓性分泌物不能排出。患慢性脓性子宫内膜炎的母牛,黄体持续存在,子宫颈管黏膜肿胀,或者黏膜粘连形成隔膜,使脓液不能排出而积蓄在子宫内,便形成子宫积脓。

如病牛偶尔发情,可从子宫中排出黏稠的分泌物。

直肠检查发现子宫显著增大,往往与怀孕2～4个月的子宫相似,个别病牛还可能更大。两子宫角增大的程度相等时,可能会误诊为双胎怀孕,但一般两角增大的程度并不相同。子宫壁变厚,但各处厚薄及软硬度不一致,整个子宫紧张,触诊感觉有硬的波动。卵巢上有黄体,有时有囊肿。聚积的液体量多及子宫剧烈增大时,子宫中动脉大多有类似怀孕的脉搏,而且两侧相等。

子宫积脓可根据以下要点与正常怀孕的3～4个月的子宫、子宫积水、胎儿干尸化及胎儿浸溶作鉴别。

(1) 怀孕 牛怀孕3～4个月以后,可以摸到子叶,而且怀孕脉搏两侧强弱不同。子宫壁较薄而且柔软,不像积脓那样紧张。另外,大都可以触到胎儿。间隔20d以上再进行检查,可以发现子宫体积随时间增长而相应增大。

(2) 子宫积水 子宫壁很薄,触诊波动明显,感觉不像积脓那样硬实。

(3) 胎儿干尸化 整个子宫坚硬,仔细触诊可发现有的地方硬、有的地方较软(骨骼的间隙处),没有波动感(图5-6)。

(4) 胎儿浸溶 触诊子宫感觉内容物硬,而且高低不平,用手挤压可感觉到骨片摩擦。此外,病牛有从阴道排出黑褐色液体及骨片的病史。

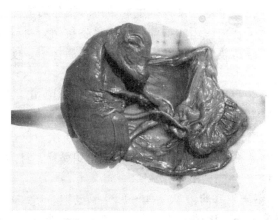

图 5-6 胎儿的干尸化 （齐长明）

三、预后

隐性及卡他性子宫内膜炎经治疗后均能恢复受孕能力。其慢性子宫内膜炎虽然可达到临床治愈，但对受孕率造成严重影响。有些牛虽然受孕，但可能在怀孕期复发，使妊娠中断。

四、治疗

治疗慢性子宫内膜炎主要是恢复子宫的张力，增加子宫的血液供给，促进子宫内聚积的渗出物排出和消除子宫的感染。不宜使用大量的溶液冲洗子宫，子宫内输药的容积一般应控制在20～40mL。若注入的液体量过大，致使子宫内压力增加，可导致炎症扩散。牛输卵管宫管结合部呈漏斗状，输卵管逐渐过渡到子宫。所以牛子宫内冲洗或注入大量液体时，液体可经输卵管流入腹腔，造成炎症的蔓延。在临床诊疗中，经常见到冲洗子宫后牛出现食欲减退、腹痛、甚至卧地不起的现象。

子宫内感染的病原不同，对各类抗生素的敏感性也不同。随着抗菌药物的广泛使用，在某些地区可能会产生抗药性菌株。所以，在一个地区某种抗生素使用若干年后应更换用药的种类。奶牛子宫内应用的抗菌药物应具备抗菌效果确实、抗菌范围广、能维持较长时间的有效浓度、刺激性小、使用方便等特点。

1. 灌注：可用下列药物。1％碘溶液 20～40mL，隔天 1 次。碘溶液有较强的杀菌力，其刺激作用还可活化子宫。

5％～7％鱼石脂溶液 20～40mL，隔天 1 次。鱼石脂能缓和地刺激子宫黏膜的感觉神经，改善局部组织循环，且能抑菌，对顽固性炎症有一定作用。

0.1％雷佛奴耳溶液 20～40mL，每天或隔天 1 次。雷佛奴耳有较强的抑菌作用和穿透力，对组织无刺激性，对脓性子宫内膜炎较好。

宫炎康，每次 1～2 支，隔 3d 1 次，对各类子宫内膜炎均有较好的疗效。

2. 苯甲酸雌二醇 6～10mg，催产素（缩宫素）50～80IU，分别一次肌内注射。雌激素能提高子宫对自然释放的催产素或外源性催产素的敏感性，从而使子宫收缩和排出内容物。

3. 对子宫积脓、子宫积水或其他子宫内膜炎应用 PGF_{2a}，或前列腺素类似物治疗有良好效果。氯前列稀醇 0.4～0.6mg，肌内注射。一般用药后 1～3d 脓汁可排出，排脓后平均 90d 可发情配种。排脓后配合抗生素治疗，则可缩短疗程，提高疗效。

4. 肌内注射维生素 AD 和维生素 E 对本病的恢复有良好的辅助作用。维生素 A 不足可引起生殖上皮角化及感染。研究表明，维生素 E 是免疫兴奋剂，它通过增加白细胞介素-1，活化 T 细胞和 B 细胞，从而增强抗体和前列腺素的合成。

5. 中药用行气活血汤：当归 60g、赤芍 50g、桃仁 40g、红花 30g、香附 40g、益母草 90g、青皮 30g。卵巢机能不全及减退时，加阳起石 100g、淫阳藿 80g、菟丝子 60g；卵巢囊肿时，加三棱 50g、莪术 50g；子宫弛缓时，加党参 60g、黄芪 100g、柴胡 40g、升麻 40g；子宫炎症较重时，加二花 40g、连翘 40g、黄芩 60g，煎汤，一次灌服。

6. 对久治不愈的奶牛，可进行人工诱导泌乳：可使子宫颈口开张，子宫收缩增强，促进炎性产物的消除和子宫机能的恢复。

目前，市售的"不孕奶牛催奶针"使用更为方便。

第六章

奶牛营养代谢性疾病的综合卫生保健

第一节　奶牛营养代谢性疾病的保健

随着奶牛业规模化集约化发展，饲养管理方式的转变，群发性奶牛营养代谢疾病日趋严重，特别是亚临床型疾病所导致的奶牛生长发育缓慢和生产性能降低是造成经济损失的主要原因。高产、稳产、健康已是奶牛发展的目标，舍饲奶牛的限制性饲养和管理增加了营养代谢病发生的可能性，主要是酮病、妊娠毒血症（围产期脂肪肝）、产后瘫痪、爬卧不起综合征、瘤胃酸中毒等疾病。另外，与代谢有关的疾病皱胃（真胃）变位也很突出。这些疾病直接影响奶牛产奶量，而且影响繁殖，有的病牛治疗不当或不及时，会导致及早淘汰，对生产造成重大损失。营养代谢性疾病的保健措施重点在以下几个方面：

一、保健目的

通过调控奶牛饲料营养、饲喂方式、环境、管理制度以达到控制乳牛体况，从而最大限度减少奶牛场营养代谢性疾病的发生。营养代谢性疾病保健应以围产期保健为核心。充分发挥奶牛泌乳潜力，使奶牛产奶高峰值高，高峰延续期长，产奶中期下降缓慢。

二、发病原因

营养物质过多或不足。若干奶期饲养管理不当，则会在奶牛围产期发生奶牛营养代谢性疾病。

1. 对成母牛分群饲养处理措施没有具体落实或部分落实，尤其是在不拴系也不定位饲养，不设产房，也不用 TMR（全混合日粮）的奶牛场，这些都是造成营养代谢性疾病高发的原因。

2. 干奶期营养不足。干奶期是指产前 2 个月，干奶母牛的主要任务是恢复因繁殖产奶的体力消耗和乳腺机能；维持胎儿发育（胎儿一半以上的生长是在泌乳期最后 2 个月）；蓄积体力，供下一次产奶需要。因此干奶期的饲养起决定性作用。

具体发病原因：饲料无长远安排，计划不周，贮备不足，饲料短缺（能量、蛋白质、矿物质、微量元素，维生素缺乏）。

3. 干奶期精料喂量过大，导致奶牛产后 2 周内，易发酮病、妊娠毒血症、产乳热（产后瘫痪），真胃移位等。精料喂量过大在生产中的具体原因：奶牛场条件好、饲料品种多、质量好、喂量大；粗饲料缺乏，尤其是优质干草缺乏，干草供应量每天每头不足 4kg，常以增加青贮料或部分精料来补充；管理上混群饲养，干奶牛采食泌乳奶牛料或泌乳牛剩余精料；为了提高产量、盲目加大精料的喂量，干奶牛以膘情好坏来判断奶牛健康状况（以料促膘，以膘促奶的错误倾向）。

4. 在奶牛泌乳初期和泌乳盛期奶牛饲料搭配不合理，营养不均衡，造成奶牛过度失重和动用体脂来完成产奶需要。

三、保健要点

保健的重点环节是对奶牛做好围产期保健。围产期代谢疾病的发生与机体的健康状况、产奶量，其他疾病有直接关系。产乳热（产后瘫痪）和酮病是其他所有代谢疾病的核心，所以奶牛围产期保健的重点是控制围产期低血钙和酮体升高。

四、奶牛防治代谢性疾病的具体保健措施

1. 饲料营养方面

（1）应随时掌握饲料的种类及日粮组成　对照营养标准，并根据实际饲喂效果进行必要的调整。围产期代谢疾病的发生与干奶期的饲养水平有直接关系。

饲料的要求：①充分利用现有饲料资源，保证供给。②奶牛饲料有优质干草、块根类、糟粕类和精料，同时应加 1％的添加剂（含常量、微量元素）。每年应对各阶段饲料配方做常规测定，并鉴定饲用及经济价值。③配合饲料，因地制宜选用并加工调制。④购来的饲料，必须了解其应用价值。⑤使用化学药物、生物活性物质等添加剂，应了解其生理作用及安全性。⑥严禁饲喂发霉变质、冰冻、农药残毒污染严重的饲料及被病菌或者黄曲霉菌污染的饲料（注重饲料贮存保管）。

（2）合理供应日粮，尽量满足营养需要　夏季、冬季调整饲料配方，并以奶投料，保证干奶后期饲喂阴离子盐以预防低血钙症。饲喂大量精料时，奶牛至少要饲喂 4～6kg 优质苜蓿干草，18～25kg 优质青贮玉米。

（3）合理分群饲养　圈舍设施良好，且各牛舍均配有与之相应的运动场，使用 TMR 饲喂，根据奶牛的泌乳月和产奶量进行分群。全场成母牛分为泌乳盛期（日产奶 25kg 以上）、中期（18～25kg）、后期（14～18kg）、干奶前期（干奶前 45d）、干奶后期（干奶第 46 天至分娩）和产后或泌乳前期 6 个群。每月定期测每头牛产奶量 3 次，并根据产量做相应调群。个体异常的牛应单独补饲，以达到适宜的体况。

（4）泌乳群的 TMR 营养水平应根据平均生产性能确定　泌乳群的 TMR 供给量按个体最低生产水平确定，其他奶牛根据生产水平适量补加精料（粗料）。干奶群的 TMR 营养水平应根据干奶期的平均营养需要确定，以干奶牛的 BCS（体况评分）为

依据确定。干奶后期（围产前期）适量补加精料（粗料），每月定期进行 1 次膘情评定，对膘情差的牛单独补饲，特别是干奶期和分娩时，奶牛膘情要求达到 3.5 分。

2. 环境调控　按要求进行环境调控，同时运动场应该设置凉棚。加强防暑降温、防寒保暖、通风等方面管理，为奶牛提供良好环境温度，让其自由饮水；严格执行防疫消毒制度。

3. 代谢性疾病监控措施　早期监测，提早预报是有效途径，在生产中遵循以下原则：

（1）定期血检　监测血液成分，可以预报牛群代谢性疾病的发生。主要针对干奶牛、高产牛，这种预报可为早期预防提供依据，在国外已成常规用于生产（主要测血液中的 K、Na、Mg、Ca、P、血糖、碱贮等）。

（2）建立产房定期酮体监测制度　对临产和产后母牛健康定期检查从而反映其健康程度是整个泌乳期的一个关键。重点是酮体指标，具体程序为产前 1 周隔天测尿 pH、酮体 1 次；产后 1d，可测尿 pH 和乳中酮体，隔天 1 次，直到出产房（产后 14～20d）；凡测定尿液 pH 呈酸性，尿（乳）酮体含量升高的，即为阳性反应，凡是阳性反应的及时处理或立即治疗。

4. 临床上常用的预防措施

（1）奶牛临产前 1 周至产后 1 周，对年老、体弱、高产和食欲不振的牛只加强看护，经检查体温正常者，用 25% 糖和 20% 葡萄糖酸钙各 500mL，一次静脉注射，隔天 1 次，共补 2～3 次。

（2）在预防奶牛产后瘫痪方面，按照计算的预产期，在产前 7d 用维生素 D_3 10 000IU，每天 1 次肌内注射，直到分娩为止。

（3）在预防奶牛瘤胃酸中毒方面，对于干草量不足或质量差时，以及精料喂量大的牛群，在日粮中加 1%～2% 碳酸氢钠或 0.8% 氧化镁（按干物质计算，也可两者同时拌于精料中饲喂）。

（4）在奶牛代谢病的控制方面，产前21d，产后15d给经产牛用阴离子平衡盐（例如爱力宝），用量为精料的5%～8%。它可以在一定程度上减少产后瘫痪、酮病、真胃变位、胎衣不下的发生几率。注意头胎牛可以不喂阴离子平衡盐。

（5）对围产期的奶牛进行BCS（体况评分）。

（6）干奶期奶牛要有适当的运动。奶牛产后要逐渐增加精料，最好采用全混日粮（TMR），没有条件的也可以将粉碎的干草（例如苜蓿等）与青贮玉米混匀饲喂奶牛，但是需要奶牛每天额外自由采食部分长草。

（7）为了预防体况偏肥的奶牛发生酮病和脂肪肝，从产前2周开始每天每头补饲烟酸8g、氯化胆碱80g、纤维素酶60g。也可从分娩开始补饲丙酸钠110g/d，连喂6周，或口服丙二醇350mL/d，连用10d。

（8）在围产期和泌乳高峰期（15～100d），可以在精料中添加酵母培养物（例如益康XP）

5. 建立奶牛病历档案　奶牛病历档案应至少保存3年以上，以便有针对性的分析问题。

6. 奶牛产后常见代谢病的鉴别诊断　奶牛产后常见代谢病的鉴别诊断见表6-1。

表6-1　奶牛产后常见代谢病的鉴别诊断

类别	项目	酮　病	生产瘫痪	瘤胃酸中毒	妊娠毒血症
病的发生	发病时间	产后1～3周	产后1～3d	随分娩出现	产后5～35d
	发病胎次	4～7胎	5胎以上	1～6胎	不限
	发病季节	冬春季	无季节性	冬春季	无季节性
	病程	1～10d痊愈	1～2d痊愈	于24h内死亡	0.5～1个月，死亡、淘汰
临床症状	心跳	100次/min	100次/min	正常	90～150次/min
	呼吸	微弱	微弱	正常	正常

（续）

类别	项目	酮 病	生产瘫痪	瘤胃酸中毒	妊娠毒血症
临床症状	体温	37.5℃	37.5℃	38～39℃	39.5℃以上
	姿势	不典型	颈部呈 s 状	背头，平躺	后期躺卧，爬行
	知觉	正常	减退或消失	正常	正常
	精神	兴奋，不安	正常或沉郁	兴奋，休克	正常
	脱水	不明显	不明显	轻度或中度	不明显
	并发症	无	无	无	皱胃变位、乳房炎及酮病
	尿酮体	＋＋＋	＋	—	＋＋＋
药物疗效	浓糖	特效	有效	无效	有效
	浓钙	不明显	特效	无效	无效
	等渗液	不明显	不明显	有效	不明显
	苏打水	有效	不明显	特效	不明显
剖检	肝肿大	＋＋	—	＋	＋＋＋
	肾肿大	＋＋	—	±	＋＋＋
	脂肪肝	＋＋	—	＋	＋＋＋

注："—"为无；"＋"为明显；"＋＋"，"＋＋＋"为极明显。

第二节 奶牛常见营养代谢性疾病的治疗

一、酮病

奶牛酮病是碳水化合物和脂肪代谢紊乱所引起的一种全身功能失调的代谢性疾病。其病的特征是酮血、酮尿、酮乳，出现低血糖、消化机能紊乱、产乳量下降，间有神经症状。

1. 病的发生

（1）与胎次的关系 各胎龄母牛均可发病，以 3～6 胎者发病最多，第一次产犊的青年母牛也常见发生。

（2）与分娩的关系　本病多发生于产犊后第 1 个泌乳月内，大部分出现于泌乳开始增加的产后 3 周内，第 2 个月后发病减少。

（3）与季节的关系　在常年舍饲条件下饲养的奶牛，一年四季都有发生。通常认为冬夏较多，这与饲喂的日粮种类、日粮搭配有关。由于寒冷、高温、高湿等应激因素的刺激，易引起消化机能的紊乱，当影响食欲时，即促进了疾病发生，所以有冬、夏季发病增多的可能性。

（4）与饲料的关系　饲料的种类、品质好坏、日粮组成、精粗比例等与发病直接相关。日粮不平衡、精料过高、粗饲料缺乏，易造成瘤胃机能减弱，进而引起奶牛食欲减退，使瘤胃内环境发生改变。由于奶牛不能摄取足够的饲料，所以能量水平不能满足机体需要，至使发病增加。矿物质缺乏时，如饲料中缺钴、磷时，常导致酮病大面积发生。当长期大量饲喂青贮饲料时，也会促使本病发生。

（5）与遗传的关系　生产中有的奶牛常出现反复发生酮病的现象，这与遗传有关系。

（6）与产奶量的关系　一般高产牛酮病发生多。

（7）与干奶期营养水平的关系　饲料的能量水平过高或过低时，发病率都会增加；日粮的蛋白水平不足，发病增加，日粮中蛋白水平提高，发病减少。产前 3 周，在日粮中适当的增加能量水平，可以起到降低奶牛酮病发病率的作用。

（8）与品种的关系　产奶量高的品种，其发病率较高。

2. 病因与分类　主要相关因素有母牛高产、营养、分娩及泌乳。其中，最为重要的一个因素就是营养供应不足，致使母牛能量负平衡。酮病分类如下：

（1）原发性营养性酮病　即饲料供应过少、饲料品质低劣、饲料单纯，日粮处于低蛋白、低能量的水平下，致使母畜不能摄取必需的营养物质。所以也称为消耗性、饥饿性酮病。

（2）自发性酮病　指按正常饲养方式饲喂，日粮处于高能量、高蛋白的条件下，这种在饲料营养均衡而又高产的奶牛发生的酮病，称之为"有生产者的醋酮血病"。这类在生产中常见，它常发生于分娩后1~8周的高产母牛，开始呈亚临床酮病，随后痊愈，或发展为酮病。

（3）继发性酮病　奶牛患前胃弛缓、瘤胃臌气、创伤性网胃炎、真胃移位、胃肠卡他、子宫炎、乳房炎及其他产后疾病，往往会引起食欲减退或废绝，由于奶牛不能摄取足够的食物，机体得不到必需的营养，进而导致继发性酮病。

（4）食物性或生酮性酮病　青贮饲料和干草是奶牛的常用饲料。通常，干草含生酮物质（丁酸）比青贮饲料少，而由多汁饲料制成的青贮料含生酮物质高于其他青贮料。

3. 临床症状　根据症状表现不同可分为消化型和神经型两种。通常消化症状和神经症状同时存在。

（1）消化型　主要表现为食欲降低或废绝（图6-1）。

（2）神经型　主要表现为神经症状（图6-2、图6-3、图6-4）。

4. 病程与预后　本病的病程与预后由饲养管理水平、治疗及时与否和肝脏的损伤程度而定。饲养管

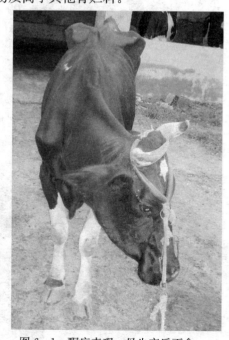

图6-1　酮病表现：母牛产后不食，迅速消瘦

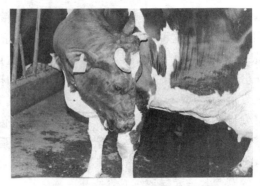

图 6-2　酮病奶牛出现的神经症状

图 6-3　牛神经性酮病，精神沉郁，卧地不起，头颈偏向一侧

图 6-4　牛神经性酮病，表现出兴奋不安的症状

理水平好、治疗及时、肝损伤较轻，常于 2～5d 恢复，预后良好；饲养管理水平差、治疗延误、肝损伤严重，病程长达月余之久。后期卧地不起者，预后可疑。继发性酮病的病程与预后由引起酮病的原发性疾病的治愈与否而定。当原发病治愈，则酮病随即消除。

5. 诊断 应对病畜作全面了解，要询问病史、查母牛产犊时间、产乳量变化及日粮组成和喂量，同时对血酮、血糖、尿酮及乳酮作定量和定性测定，要全面分析，综合判断。酮病诊断要与以下几种疾病进行区分。

（1）创伤性网胃炎厌食 产乳量下降多呈急性发生，病情较重，瘤胃蠕动停止，排粪干、少而呈黑色，且有肘头外展，肘肌震颤，体温升高等，网胃区触诊（剑状软骨压迫）有痛感，这都为酮病所没有的。

（2）皱胃变位 常发生于分娩后不久的母牛，但厌食是逐渐出现的，腹部缩小，粪量少而呈糊状，腹部左下方能听到皱胃内气体通过液面而发出的钢管声。

（3）迷走神经性消化不良 多因饲养不当使迷走神经受到损伤所致，主要原因是创伤性网胃—腹膜炎，其次是饲喂不适当的饲料使瘤胃停滞，腹部长期膨大及中度臌气而发生。

（4）李氏杆菌病 有轻热，病程持续长达 1～2 周，全身衰弱，卧地呈昏迷状态，常卧于一侧而不改变姿势，多以死亡告终。

还应与牛产后瘫痪、瘤胃酸中毒、妊娠毒血症进行区别。

6. 治疗 经过针对性的治疗，酮病患牛一般都能痊愈。已经痊愈的奶牛，如果饲养管理不当，则有复发的可能。也有极少数病牛，对药物治疗无反应，最后被迫淘汰或死亡。对于继发性酮病，应尽早做出确切诊断并对原发病采取有效的治疗措施。

为了提高治疗效果，首先应精心护理病畜、改变饲料状况、日粮中增加块根饲料和优质干草的喂量。

药物治疗的目的是提高血糖浓度,减少脂肪动员,促进酮体的利用,增进瘤胃的消化机能,提高采食量。

(1)治疗原则　补糖补钙、增加糖代谢;纠正脱水和酸中毒(只用于初期阶段)。

(2)治疗方法　代替疗法(补糖疗法),激素疗法(肾上腺皮质激素、胰岛素等),辅助疗法(钙、镁、维生素、ATP、辅酶A等)。

中药处方:当归、川芎、砂仁、赤芍、熟地、神曲、麦芽、益母草、广木香各35g,磨碎,开水冲,灌服,每天或隔天1次,连服3~5次,对增进食欲、加速痊愈,效果较好。

处方(综合治疗方):

25%葡萄糖注射液	1 000.0~2 000.0mL
含糖盐水注射液	1 000.0~1 500.0mL
10%维生素C注射液	30.0~50.0mL
2.5%维生素 B_1 注射液	30.0~50.0mL
5%碳酸氢钠注射液	500.0~1 000.0mL
地塞米松磷酸钠注射液	20.0~30.0mg
维生素 B_{12} 注射液	5.0~10.0mg
辅酶A注射液	1 000.0~1 500.0IU
ATP注射液	200.0~400.0mg
促反刍液注射液	500.0~1 000.0mL
10%葡萄糖酸钙注射液	600.0~1 000.0mL
25%硫酸镁注射液	100.0~300.0mL

分组静注,1~2次/d,3~5d或者5~7d为一疗程。

7. 预防　加强饲养管理,供应平衡日粮,保证母牛产犊时的健康。

(1)加强干奶牛的饲养　精粗比以30∶70为宜,按混合料计以每天3~4kg即可,青贮料15~20kg,干草量不限。

（2）分群管理　产犊后泌乳初期的母牛，维持日粮为每100kg体重约3kg干草（每1kg干草相当于3kg青贮料）。每产3kg奶给1kg谷类精料，总蛋白质不应超过16%～18%。

（3）加强运动　每天奶牛应适当运动，增强体质。

（4）加强临产和产后牛只的健康检查　建立酮体监测制度。为能及时发现亚临床酮病病牛，减少酮病的发生，应对乳酮、尿酮定期检查。①产前10d，隔1～2d测尿酮、pH 1次。②产后1d，可测尿pH、乳酮，隔1～2d 1次。凡阳性反应的，除加强饲养外，应立即给予治疗。

（5）定期补糖、补钙　对年老、高产、食欲不振及有酮病病史的牛只，于产前1周开始补25%葡萄糖液和20%葡萄糖酸钙液各500mL。一次静脉注射，每天或隔天1次，共补2～4次。

（6）调整日粮结构，增加生糖物质　①保证饲料中有充足的钴、磷和碘。②对大量饲喂青贮而酮病发病率高的牛场，应适当减少青贮料的饲喂量。③从产前10d开始，饲料中加喂丙酸钠，每天110g，连喂6周，这不仅可减少酮病发生率，而且有提高产奶量的效果；丙二醇350mL，产犊后每天饲喂1次，连用10d，或按精料日粮的6%饲喂，连用8周，即可收效。④为防止因碳水化合物饲喂过多而引起瘤胃酸中毒，提高瘤胃内pH，保持瘤胃内环境的恒定，日粮中可用2%碳酸氢钠、0.8%氧化镁（按干物质计）与精料混合饲喂。⑤烟酸4～8g，产前7d加喂，每天1次。

二、瘤胃酸中毒

1. 瘤胃酸中毒　瘤胃酸中毒是奶牛采食了过多的含碳水化合物丰富的谷物饲料（酸性饲料），引起瘤胃内乳酸过量生成、蓄积、吸收的一种全身代谢紊乱性疾病。

（1）特征性表现　流涎、食欲下降、瘤胃蠕动减缓、瘤胃轻度臌气、腹泻；瘤胃区冲击式触诊可听到明显的振水音；神经症状（先兴奋、后抑制、最后瘫痪卧地不起呈昏迷状态）；酸中毒（胃肠内容物、粪尿均呈酸性反应）；血碱贮下降，血浆 CO_2 结合力降低；脱水，眼窝下陷，血液浓稠（血细胞皱缩，周边有突起）；毒血症。

（2）分类　可分为急性瘤胃酸中毒、慢性瘤胃酸中毒。

（3）发病情况　舍饲、缺乏运动、缺乏干草、大量饲喂精饲料和酸性饲料的高产乳牛。病程数小时至数天。有些牛无明显的临床症状而突然发病死亡。

2. 病因

（1）精料饲喂过高，饲养不当的原因　为了促使下胎泌乳增加，干奶期精料喂量增大，以促使母牛肥胖，单纯认为肥胖就能高产；产房期间，精料由饲养员掌握，喂量没有明确规定；临产前加料催乳房发育，产后为了提高产乳量，增加精料；冬天加料增膘，春天加料换毛；为使奶产量增高，过分增加精料、块根类及糟粕类饲料的喂量；谷实类饲料粉碎过细，牛短时间内吃入大量粉碎谷实，在瘤胃内可产生大量乳酸；饲料突然变更，特别是日粮突然由适口性差改变为适口性好的饲料，如增加精料、块根类和糖糟等，致使采食过量。

（2）过食酸性饲料　醋糟（图 6-5）、酒糟、啤酒糟、甜菜渣、番茄、青贮料等酸性饲料。

（3）舍饲奶牛突然改变饲料和饲喂方法，缺乏运动　补充精饲料和粉碎的过短的饲草，致使食物在瘤胃中停留的时间过长，对乳酸的耐受性差。

3. 临床症状和诊断

（1）临床症状　首先表现为精神异常，饮食欲废绝，肌肉震颤、行走步态不稳、摇摇晃晃，口流涎液、眼结膜充血、发绀、目光无神、眼睛半闭，磨牙呻吟，神经症状（先兴奋、后抑制、最后瘫痪、卧地不起、呈昏迷状态）（图 6-6），腹泻（稀软

图6-5　牛只采食了含60％的"醋糟"饲料10余天后发病

图6-6　发病第2天卧地不起，踩尾尖也无动于衷

粪→水样粪）、粪便酸臭（图6-7、图6-8），眼球下陷和脱水（图6-9）、尿少浓稠、或无尿。多数病例初期有体温轻度升高，呼吸、脉搏增数的症状，后期瘫痪，倒地不起，四肢呈游泳样划动、昏迷，体温下降（35℃以下），肢体发凉。有些牛在临死前从口鼻流出带泡沫的液体。

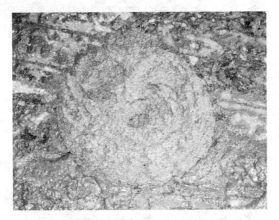

图 6-7 亚临床酸中毒，奶牛排泄酸臭的稀便

图 6-8 严重腹泻

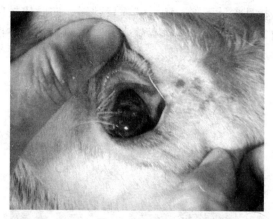

图 6-9 结膜潮红，脱水可见眼窝下陷

（2）诊断

1）听诊 瘤胃蠕动减废或蠕动不完全，心跳和呼吸加快。

2）触诊 病初瘤胃胀满（图 6-10）→松软→空虚（虚胀）→积液（图 6-11）。

3）瘤胃液检查 pH 由正常的 6.5～7.5 降至小于 5（严重时达 1～4）（图 6-12）；纤毛虫：（—）；乳酸：由正常的 2.2mmol/L 上升至 80～165 mmol/L。

4）粪尿检查 由正常的微碱性→酸性。尿 pH＜5。尿酮体上升。

5）血液检查 血液浓稠、红细胞皱缩，周边有突起。血细胞比容高达 50%～60%；血 Ca 上升，非蛋白氮（NPN）上升，谷草转氨酶活性提高。血浆 CO_2 结合力下降。

6）解剖 胃肠道有不同程度的充血、出血（片状出血）、水肿，黏膜脱落（瘤胃最明显），内容物呈酸奶样臭味；心肌松软、心内外膜出血；肝肿大、质脆、色黄，有些病例肝脏发生脓肿病灶。

慢性乳酸中毒：发病缓慢、病程长、症状不十分明显。最常见的症状是食欲下降、顽固性前胃弛缓，四肢比较坚硬、行走不协调，无力，流涎、排稀软粪，眼结膜发绀、充血，有轻微的脱水和酸中毒的症状。瘤胃液 pH＜5，粪尿 pH 变化不大。

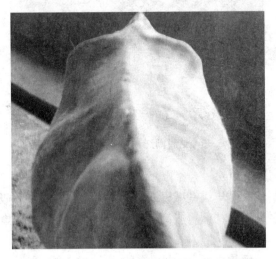

图 6-10　左侧肷窝隆起，显示瘤胃轻度臌气

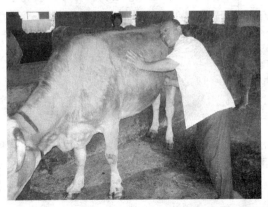

图 6-11　瘤胃区冲击式触诊有明显振水音

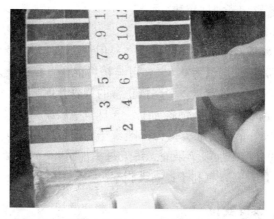

图 6-12　瘤胃内容物经 pH 试纸测定呈酸性反应

4. 治疗原则和方法

（1）治疗原则　防止和纠正酸中毒，强心补液、维持体液平衡，抗菌消炎、防止继发感染，对症治疗。

（2）治疗方法

1）中和乳酸、缓解脱水、增加血容量。

处方一：碳酸氢钠 100.0～200.0g；水 500.0～1 000.0mL。口服或瘤胃注射（中和瘤胃乳酸）。

处方二：含糖盐水注射液 1 000.0～2 000.0mL 或复方氯化钠注射液 2 000.0～4 000.0mL，25％葡萄糖注射液 500.0～1 500.0mL，5％碳酸氢钠注射液 500.0～1 000.0mL。静脉注射（纠正酸中毒、补液、维持体液平衡）。

2）降低脑内压（在缓解脱水和休克的同时，或者稍后用）。

甘露醇注射液 250.0～300.0mL，浓盐水 250.0～300.0mL，40％乌洛托品注射液 60.0～100.0mL，静脉注射。

3）缓泻。人工盐 400.0～600.0g，水 2 000.0～3 000.0mL，灌服。

4）维生素 B_1。用量为 30～50mL，每天 1 次。

5）瘤胃切开或洗胃法。

5. 预防 ①加强饲养管理，合理供应精料。碳酸氢钠的用量按总干物质计为 1.5%，按混合料用量为 1.5%～2.5%。氧化镁按干物质计用量为 0.8%，可与精料混合直接饲喂。一定要保证充足干草的进食量。②坚持正常的饲养管理制度。③管理要细，分群饲喂。④加强饲料加工。⑤日粮中添加莫能霉素，喂量每头每天 30mg；或每头每天饲喂泰乐菌素（注：产奶牛禁用）90mg。⑥日粮中加喂苹果酸。每天每头加喂 40～80g，瘤胃 pH 和乙酸含量升高，有利于提高乳脂率。

三、皱胃变位

皱胃变位是由于皱胃弛缓，使皱胃的机械性转移导致其正常解剖学位置发生改变的一种皱胃疾病。

临床表现：周期性的前胃弛缓，周期性的、轻度的瘤胃积食和臌气。皱胃蠕动音位置发生改变。

1. 病因

（1）头胎牛体况过肥　头胎牛体况评分（BCS）超过3.75 分。

（2）头胎牛体况过肥，瘤胃不能充分撑大　产前腹腔底部有大的子宫填充，产后子宫收缩，腹腔底部与瘤胃腹囊之间出现大的空间，是真胃左方变位的解剖学基础。

（3）精料过多、饲草酸度过大，常常引起真胃黏膜溃疡，真胃出现炎症　真胃炎及溃疡导致肌源性真胃弛缓，排空变慢，真胃扩张，常常漂移到左侧腹腔。

真胃内蓄积草团，引起真胃不完全阻塞。真胃黏膜溃疡与真胃弛缓是发生真胃变位的病理学基础。

（4）子宫炎、产道拉伤反射性引起真胃弛缓　与真胃左方变位互为因果。也可由皱胃弛缓、慢性酸中毒、皱胃黏膜溃疡引起。

皱胃机械性转移即左方变位的过程：瘤胃底→左腹壁和瘤胃之间→左侧瘤胃背囊处（图6-13）。

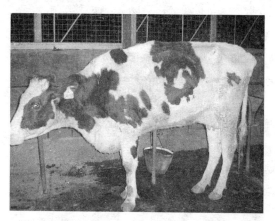

图6-13　胃左方变位的牛消瘦

2. 症状与诊断

（1）听诊和叩诊。左侧倒数1~3肋间的区域进行听诊与叩诊，出现钢管音。钢管音出现在靠近肩端水平线上下的范围内（图6-14）。

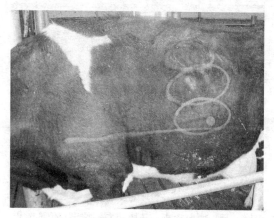

图6-14　真胃左方变位后钢管音的范围

（2）尿酮体检查。酮体阳性反应约占 95%。

（3）直肠检查。

（4）腹腔探查见图 6-15、图 6-16。

（5）皱胃液检查，pH1～4（图 6-17）。

图 6-15　真胃左方变位后打开腹腔的显露位置

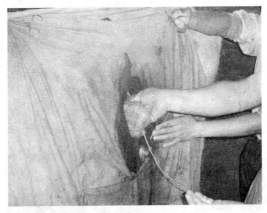

图 6-16　腹腔探查，从腹腔左侧拉出变位的皱胃

图 6-17　抽取拉出的胃内容物，用 pH 试纸测定显酸性

3. 治疗原则和方法

（1）治疗原则　整复皱胃，疏通胃肠内容物。

（2）治疗方法

1）翻滚法　主要使用于初期轻度的左方变位。在翻滚前，病牛绝食 24～48h，用一绳倒牛法将牛放倒，由 5 个人分别保定其头、四肢，使牛仰卧（四脚朝天），先左右摇晃牛体，使瘤胃下沉，以减轻瘤胃对皱胃的压力。由于皱胃内气体上漂作用，使皱胃上升到腹底，并逐渐移向右侧而达到复位的目的。

具体的操作方法：先以背部为轴心，先向左滚 45°→回到中央→再向右滚 45°→回到中央。如此反复 3min，最后突然停止，快速向左侧呈横卧姿势，再转成腹卧姿势，使之站立。如果翻滚有效，采食量会逐日好转，全身状况也得到明显好转。

2）手术疗法（手术前，禁食 48～72h）　真胃变位的手术方案：①盲针固定：钢管音明显、范围大的牛，随病程延长钢管音越来越明显的牛。②手术整复与固定：盲针固定不能成功的牛；钢管音范围小、钢管音不固定的牛。③真胃切开取出草团：真胃阻塞牛。手术过程应注意全程严格无菌操作；加强术后护理。

（3）真胃变位的防控

1）控制头胎牛的膘情，严禁过肥，距预产期 1 个多月的头胎牛，如果体况过肥，建议调整饲料配方，特别建议单独喂一部分干草，将瘤胃撑大。

2）饲料酸度过大常常引起真胃溃疡与弛缓，建议在预混料中加入碳酸氢钠，增加碳酸氢钠的喂量。

3）积极治疗子宫炎与产道拉伤（要有真正的落实），在治疗这些疾病的同时应注意检查是否发生了真胃变位。

4）非甾体类抗炎药：美达佳 15mL 或氟尼辛葡甲胺 25mL，肌内注射。

5）抗分娩应激与提高采食量药：科特壮 25～30mL，肌内注射。

6）灌服下列药物：四胃动力散 500g 或健胃散（红糖与白糖各 500g，丙酸钠 220g 或丙二醇 300g，50％氯化胆碱粉 50～60g，多维素 2g）。

（4）药物治疗　采用消胀、消气、助消化、促进胃肠蠕动的药物，一部分牛的真胃左方变位可能复位。

常用处方：①10％氯化钠 1 000～1 500mL、维生素 C 2～3g，静脉注射。②5％葡萄糖氯化钠 500～1 000mL、硫酸庆大霉素 20 万 U，静脉注射。③四消丸 80～120g，液体石蜡油1 500～2 500mL，磺胺间甲氧嘧啶 75～100g，灌服。

四、母牛躺卧不起综合征

母牛躺卧不起综合征有以下 3 种提法：①指乳热病牛首次静脉注射钙剂治疗后，10min 内不能站立者。②指乳热病牛在第 2 次用钙制剂治疗后，24h 不能站立者。③指母牛分娩后，无任何明显原因而躺卧不起，并于 24h 内不能站立者，均称为母牛躺卧不起综合征。由于本病多伴随低血钙性产后瘫痪发生，故其临床特征是产后长期卧地不起，对钙制剂治疗无反应，知觉、意识尚存，食欲、精神正常，爬行。剖检变化：腰、腿部肌肉和神经损伤，局部肌肉缺血性坏死、心肌炎和肝脏脂肪变性。本病以头胎牛和老龄牛多见；冬、春季节多发，但冬季多于春季。

根据病原学和病理状况的发展，可将母牛躺卧不起综合征分为3类：

原发性：有多种病因，主要是代谢、中毒和外伤等所致。

继发性：是由导致神经和肌肉损害的压伤综合征引起的。

永久性：是由各种不同的损害，包括肌肉和韧带损害所致。病牛长期躺卧，最后以败血症死亡。

1. 病因 根据本病原发性病因出现的频率，可把致病因子分类3类：代谢的、产科的和其他。

1）代谢性致病因子 血钙过低是牛躺卧的主要病因。还有低镁血症、低磷血症和低钾血症。

2）产伤性麻痹 胎儿过大，产道开张不全，助产粗鲁，过分牵引胎儿等，引起母牛坐骨和闭孔神经损伤，或者胫骨神经损伤，或髋骨脱位，于犊牛产出后发生麻痹。

3）其他病因 ①饲料中维生素E—硒缺乏。②乳房炎、子宫炎、心肌炎、创伤性心包炎或腹膜炎等所致的全身中毒。③干奶期精饲料喂量过大，母牛肥胖造成肝脂肪变性，其发病率增加。④消化道阻塞，如幽门或十二指肠阻塞，分娩时骨盆骨挫伤，以及中枢神经系统损伤，如脑炎、脑水肿或内出血等，都会引起本病的发生。

2. 临床症状 持续躺卧，食欲正常或减退（图6-18），体温正常，心率正常或增加，多数患牛频频试图站立，然其后肢不能完全伸直（图6-19），只能以部分屈曲的两后肢沿地面爬行，力图站立起来，由此得名"爬行母牛"（图6-20、图6-21）。有的呈犬坐姿势或蛙腿姿势。

严重病牛呈侧卧姿势，头向后仰，四肢抽搐，角弓反张，感觉过敏，食欲废绝，此类病牛又称之为不机敏性的"爬卧母牛"。由于长期卧地不起引起并发症，如由大肠杆菌所致的乳房炎；在跗关节和肘关节的突出部分及由髋部吊带引起髋结节周围等部位发生褥疮性溃疡，最后导致病牛死亡和被迫淘汰。

图 6-18　卧地不起，食欲减退

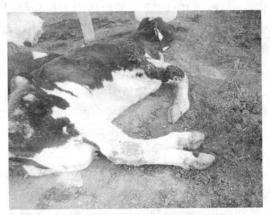

图 6-19　母牛躺卧不起导致瘦弱衰竭，
后肢不能完全伸直

图 6-20　试图站立无效，只能爬行

图 6-21　精神一般，强行驱赶只能爬行

3. 病程与预后　病程长短取决于器官损伤的严重程度和性质、护理的质量，以及病初为病牛所提供的环境条件。病牛精神好，有食欲者，或人为吊起能站立者，护理得当，约有 50% 的躺卧母牛在 4d 内或更短的时间内站立起来；躺卧母牛如精神不好，食欲废绝，并发乳房炎、褥疮者，预后不良；躺卧超过 7d 以上者，心搏过速且超过 100 次/min 以上者，预后不良。发病

后由于心肌炎的发生，常常于48～72h死亡。躺卧起立而又卧地者，预后不良。

4. 诊断 根据病后临床特征及发病时间等可以诊断。但应估计器官损害的严重性，以便能判断预后和决定采取的措施。因此，首先应检查肝、肾和心肌的功能，尤其是运动器官损伤的程度。

5. 治疗 治疗的前提，首先要分清是原发性的还是继发性的，是可复性的还是永久性的。当已确诊为各种损伤包括肌肉和韧带的损伤时，宜尽早予以淘汰，以减少药费和母牛消瘦所造成的经济损失。

采取对症处治和综合治疗。

根据综合诊断可选用钙制剂、镁制剂、磷制剂或钾制剂。如20％葡萄糖酸钙（内含4％硼酸）500～1 000mL，一次静脉注射，每天2次或3次。15％磷酸二氢钠液200～300mL，林格氏液1 000mL，一次静脉注射。氯化钾30～40 g，分2次或3次内服，或用5％氯化钾100～180mL，5％葡萄糖注射液2 000mL，缓慢一次静脉注射。25％硫酸镁注射液100～200mL，一次分点皮下注射。在充分保证血钙浓度的情况下，上述药物可交替使用。

对于神经损伤、肌肉强直的患牛，可用维生素 B_1、维生素 B_{12}、士的宁于腰荐神经丛穴位注射。也可用醋灸法。

药物治疗的同时，还要精心护理。已经站起来的牛，不能停止药物治疗，应继续用药，防止其再次倒卧。病牛应躺卧于木屑、褥草或沙土铺设的褥垫上，每天要数次翻动牛身，必要时使用气垫（图6-22）。

6. 预防 预防产后瘫痪可以大大降低本病的发病率和病情。为此，应加强干奶期特别是妊娠后期的饲养管理。具体措施：产前15d，将其调入产房内饲养；助产要按操作规程进行；产前低钙饲养，分娩前8d肌内注射维生素 D 1 000万 IU，每天1次，

图 6-22 爬卧不起综合征奶牛的护理

直到分娩，产前 3～5d 静脉注射 20％葡萄糖酸钙 500mL 和 25％葡萄糖液 500mL，每天 1 次，连续注射 2～3d，可以收到明显效果。

产后母牛，一旦卧倒，尽快用葡萄糖和钙制剂静脉注射，尽快促使其站立，绝不能延误治疗时间。

五、产后瘫痪

产后瘫痪也称乳热症和临床分娩低钙血症。其特征是精神沉郁、全身肌肉无力、昏迷、瘫痪。发病率 1.2％～14.1％。

1. 病的发生

（1）年龄与季节 1～2 胎牛发病少，3～6 胎牛发病多，即随年龄增长发病增多。散发，无季节性。

（2）奶产量 越是高产牛，发病越多。奶产量与发病率直接相关。

（3）发病时间 绝大多数牛发生于产后 3d 内。偶然可见临产前 1～2d 发病的产前瘫痪。

（4）犊牛及其他因素 发病与犊牛性别、体重大小、死胎和双胎无关。上一胎泌乳期低钙血症是下胎泌乳期乳热症增多的因素；发生过胎衣不下、子宫炎、酮病等病的牛只，有乳热症发生几率增高的倾向。

（5）干奶期营养　干奶期营养状况与本病的发生有关：①干奶期精料喂量过多，特别是日粮中的蛋白质水平过高，更易发生此病。②产前饲喂高钙日粮、饲喂高阳离子 Na^+、K^+ 和低阴离子 Cl^-、S^{2-} 日粮，都易促使本病的发生。

（6）复发力和遗传力　不同品种对本病的易感性具有明显的差异。娟姗牛最易感，发病率为 29.2%；荷兰牛易感性最低，发病率为 5.6%。临床发现，发生过产后瘫痪的牛，下胎产犊后，有重复发病的趋势。本病是一个能复发和遗传性疾病。发生过乳热的牛比未发生过乳热的牛易感性高 2～5 倍。

2. 病因　血钙下降为其主要原因。

干奶期，母牛对钙的需要处于最低限度。一头日产 10kg 初乳的母牛，乳中将消耗 23g 钙。因此，分娩时母牛每天必须有 30g 或更多的钙进入钙贮。这就是说，产犊后第 1 天，几乎所有的母牛都表现为血清钙水平普遍下降的状况。对此，只能通过加强胃肠的吸收和骨骼钙盐的析出来满足泌乳的需要。由于有些母牛不能适应分娩后这种急剧的变化，引起细胞外和血浆钙浓度的下降，最终导致产后瘫痪的发生。

产后母牛发生瘫痪的原因：①钙随初乳丢失量超过了由肠吸收和从骨中动员的补充钙量。②由肠吸收钙的能力下降。③从骨骼中动员钙贮备的速度降低。

营养水平很大程度上又影响着钙调节激素的调节，因此，饲养管理不当是引起本病发生的根本原因，具体表现是日粮不平衡、钙、磷含量及其比例不当。

（1）母牛在干奶期，特别是在怀孕后期日粮中钙含量过高。据报道，干奶期奶牛，体重按 500kg 计，每头每天只需 31g 钙即可满足机体及胎儿钙的需要量。干奶期牛日粮中钙含量过高，这将导致奶牛机体对胃肠的依赖性。

日粮中磷不足及钙磷比例不当，日粮中强调钙的供应而忽略了磷的供给，致使产后瘫痪增多，临床上通过使用磷酸二氢钠配合治疗，将血清钙、磷比例控制在 1.5∶1 以下。

（2）日粮中 Na^+、K^+ 等阳离子饲料过高。由于干草是日粮中的基础饲料，含有较高的阳离子，尤其是 K^+。其主要原因是阴离子日粮通过增加靶组织对钙调节激素尤其是甲状旁腺素（PTH）的反应。

（3）维生素 D 不足或合成障碍。

3. 临床症状

（1）前驱症状　呈现出短暂的兴奋和搐搦。病牛敏感性增高，四肢肌肉震颤，食欲废绝，站立不动，摇头、伸舌、磨牙。行走时，步态跟跄，后肢僵硬，共济失调，左右摇摆，易于摔倒。被迫倒地后（图6-23、图6-24），兴奋不安，极力挣扎，试图站立，当能挣扎站起后，四肢无力，步行几步后又摔倒卧地。也有见只能前肢直立，而后肢无力者，呈犬坐样。

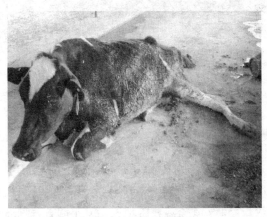

图6-23　奶牛产后瘫痪

图 6 - 24　奶牛产后瘫痪

（2）瘫痪卧地　体温可低于正常，为 37.5～37.8℃。心音微弱，心率加快可达 90～100 次/min。昏迷状态（图 6 - 25）。

图 6 - 25　奶牛产后瘫痪的后期昏迷状态

4. 病程与预后　治疗及时与否、药物用量大小、机体本身所处状况等，都直接影响到本病的病程长短和预后是否良好。

分娩后瘫痪者，多于 1～2d 痊愈；距产犊时间较长而瘫痪者，病程较长，3～5d 痊愈；卧地后 15d 不起者，预后不良。

瘫痪而有食欲者，预后良好。瘫而不食者，且伴发褥疮、体温升高，预后不良。瘫而站立者，仍有再次复发现象，治疗更会困难。故对由瘫痪而站立的病牛，要注意观察其食欲和泌乳变化，当食欲完全恢复，奶产量持续增长，视为痊愈标志，但不能一看奶牛能站立就停止治疗。当病牛发生腕、髋关节损伤及创伤性网胃炎时，治疗困难，预后不良。

5. 诊断

诊断要点：母牛产犊后不久发病，常在产后 1～3d 瘫痪；体温低于正常，38℃以下。心跳加快，100 次/min。卧地后知觉消失、昏睡、便秘、系部佝偻。类症鉴别见表 6-1。

表 6-1　产后母牛躺卧不起的临床鉴别

疾病	发生	典型症状	血检变化	治疗效果
产后瘫痪（乳热症）	产后 48h 内	初期兴奋，搐搦，后昏迷，末梢麻木，体温降低至 37.5℃，心跳加快 100 次/min	血钙降低至每 100mL 5mg，血镁每 100mL 高于 3 mg	静脉补钙后肌肉震颤消失，鼻出汗、排粪、排尿，精神好转，快者 30min 站立
低镁血症	产犊后或产犊后数天	兴奋、肌肉震颤，抽搐，卧地，强直，惊厥，机敏性增强	血镁每 100mL 低于 1.2mg	静脉补镁后好转，但药物反应较慢
产后截瘫	难产，闭孔神经、坐骨神经损伤，头胎牛多见	全身反应正常，食欲、粪便正常，机敏性高，卧地两后肢呈蛙式或劈一字腿	血液 Ca、Mg 正常，并伴肌肉损伤，肌酸磷酸激酶升高	无治疗方法，必要时可吊起，并配合钙和针灸治疗
母牛躺卧不起综合征	多因低血钙、镁治疗不当，或治疗前母牛卧时过长	初期母牛机敏性、精神、食欲正常，挣扎欲起。后期体温升高，食欲低，精神沉郁，病程 1～2 周	血钾、无机磷酸盐、葡萄糖降低，酮体升高出现酮尿、蛋白尿	对钙、磷有一定反应
产后毒血症	乳房炎、腹膜炎（子宫破裂、异物性网胃炎）或阴道破裂引起	体温低，心跳加快 100 次/min 以上，呻吟，昏迷，躺卧	中性粒细胞增多，核左移。血钙可降低至每 100mL 7～8 mg	疗效不佳，可用抗生素、补糖、补水、补碱等支持疗法。补钙、补镁可加速死亡

（1）**母牛躺卧不起综合征** 表现中度机敏、活跃、食欲正常，虽不能站立，但多试图爬行，体温升高，病程长达1～2周；血液检验无机磷、血钾和血糖降低，尿白蛋增加；典型姿势呈"蛙式"，对钙剂反应差。剖检见股部肌肉出血和坏死，关节韧带水肿、出血；心肌炎和脂肪肝。

（2）**低镁血症** 发病不受品种、年龄限制，特征表现是兴奋、敏感性增高，搐搦伴强直性惊厥，心音高亢，血镁（每100mL，1.2mg）比产后瘫痪牛（每100mL，3mg以上）低，对钙的反应极慢。

（3）**产后毒血症** 多因产后大肠杆菌所致的乳房炎、创伤性网胃炎、子宫破裂、阴道破裂等所致的急性弥漫性腹膜炎和急性败血性子宫炎所致。病牛心率极度增快，呻吟；乳汁、乳房及产道可检查出病变；钙剂治疗常引起死亡。

（4）**热（日）射病** 夏季，产后母牛暴露在阳光下或潮湿炎热环境中，因过热卧地不起。病牛的典型症状是体温过高，达42℃以上，可视黏膜发绀，全身脱水严重。

（5）**瘤胃酸中毒** 过食谷类饲料后，母牛产后也会出现低血钙，因乳酸蓄积中毒，也会瘫痪、休克。但病牛脱水严重，腹泻，排出黄绿色或褐色的稀粪，血糖降低至每100mL 25mg以下，二氧化碳结合力明显下降，使用钙剂可加速病情恶化。

6. 治疗 母牛出现瘫痪症状之后，应尽早治疗。生产中往往因治疗延迟，招致母牛局部肌肉缺血性坏死及躺卧不起综合征的发生，使治疗更难。

（1）**钙剂疗法** 20％～25％葡萄糖酸钙液500～800 mL，或2％～3％氯化钙液500mL，一次静脉注射，每天2次或3次。典型的产后瘫痪病牛在补钙后，表现出肌肉震颤消失，打嗝，鼻镜出现水珠，排粪、排尿、全身状况改善等。为了能保证治疗效果，防止异常现象发生，治疗时应注意以下5点：①钙剂量要充足，因剂量不够使病程延长，不全治愈的几率增加，母牛不能站立，或站立后又瘫痪卧地，这样会使病情加重。②注射钙剂时，速度应缓慢，不可过快，要注意全身反应，要监听心脏跳动，如心跳过快时，应停止注射。③钙对局部有刺激作用，特别是使用氯化钙时，一定要确实注入血管内，千万不能将其漏于皮下，以避免引起局部组织的炎性肿胀、坏死、化脓和颈静脉周围炎。④对瘫痪而体温升高的病例，不能急于用钙。此时，应先静脉注射等渗糖和电解质液，待体温恢复正常，再行补钙。⑤多次使用钙剂而效果不显著者，可用15％磷酸二氢钠注射液200～500mL、硫酸镁注射液150～200mL，一次静脉注射。与钙交替使用，能促进痊愈。

（2）乳房送风　效果确实可靠（图6-26）。具体方法见第八章第四节相关内容。

图6-26　头胎牛产后瘫痪乳房送风后用胶布封闭乳头管口

（3）牛奶疗法　对产后瘫痪不久的母牛，可用新鲜的、健康母牛的乳汁300～4 000mL，分别注入于病牛的4个乳区内，可起到治疗作用。

7. 预防　①加强干奶期母牛的饲养，增强机体的抗病力。②控制精饲料喂量，防止母牛过肥。混合精料喂量3～4kg/d，日粮中保证有充足的优质干草供应。③充分重视矿物质钙、磷的供应量及其比例。饲料中钙、磷比在 2∶1 的范围。④干奶时可集中饲养；临产牛要在产房或单圈饲养；圈舍要清洁、干净；运动场宽敞，能自由运动；尽可能地减少各种应激因素的刺激。⑤阴离子日粮。⑥加强对临产母牛的监护，提早采取措施，以减少该病发生。⑦维生素 D 注射。对临产牛可在产前 8d 开始肌内注射维生素 D 制剂 1 000 万 IU，每天 1 次，直到分娩。⑧静脉补钙、补磷。对于年老、高产及有瘫痪病史的牛，产前 7d 可静脉补钙、补磷。有预防作用。其处方是：10％葡萄糖酸钙液 1 000.0mL，10％葡萄糖液 2 000.0mL，5％磷酸二氢钠液 500.0mL，氢化可的松 100.0mg，25％葡萄糖液 1 000.0mL，10％安钠咖注射液 20.0mL 静脉注射。

六、蹄病

蹄病为奶牛蹄的病理变化过程，包括蹄病和蹄变形。蹄变形指蹄的形状发生改变，蹄病指蹄已发生病理变化，临床表现红、肿、热、痛和功能障碍（图 6 - 27）。蹄变形是蹄病的基础，临床表现为蹄病。

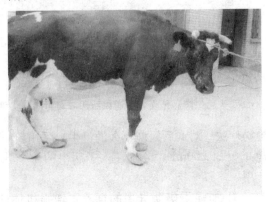

图 6 - 27　奶牛发生蹄病后的机能障碍

1. 蹄病发生的原因

（1）与营养的关系 产前精料喂量过多，母牛过于肥胖，产后胎衣不下、子宫炎、酮病、瘤胃酸中毒发病增多，这些疾病均可导致蹄病发生。矿物质缺乏，特别是钙、磷不足或比例不当，致使钙、磷代谢紊乱，临床上出现骨质疏松症，从而导致蹄病发生。

（2）与圈舍的关系 圈舍阴暗潮湿，通风不良，氨气浓度过高，在氨的作用下，蹄底角质变性分解呈粉状，故在临床上出现"粉蹄"（图6-28）；炎热多雨季节，牛圈泥泞，粪尿堆积发酵，牛蹄受污物浸渍，角质变软，抵抗力下降，促使蹄病发生；生长期立于水泥地等较硬地面上，可使角质过度磨损，引起蹄底发生严重挫伤；圈舍过小、密度过大，奶牛缺少运动，蹄角质过度生长，出现变形、蹄裂。

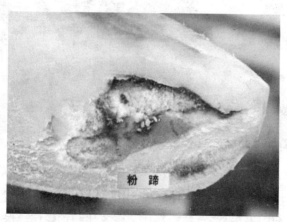

图6-28 粉 蹄

（3）与遗传育种的关系 在生产实践中，奶牛场可通过淘汰有明显肢蹄缺陷，特别是那些蹄变形严重，经常发生跛行的奶牛及其后代，或使牛群肢蹄状况得到改善。

（4）与管理的关系 修蹄不及时或不修蹄，蹄受多种因素影响，表现为异常角质形成，出现蹄变形，则促使蹄病发生。奶牛集中饲养时环境因素、圈舍运动场不消毒、不清扫，致使传染病、寄生虫病流行，常会引起蹄病出现，如口蹄疫、坏死杆菌病、牛病毒性腹泻、锥虫病等。

2. 蹄保健的重要性　奶牛蹄的保健是保证奶牛健康的重要手段之一。护蹄不良，则奶牛体质下降，逐渐消瘦，抗病力降低，易感染其他疾病。护蹄良好，可提高牛的利用年限，还可降低因蹄变形、蹄病造成的淘汰率。护蹄不当不仅导致蹄变形和病变足蹄（图 6-29），还可导致泌乳量下降，影响繁殖能力。

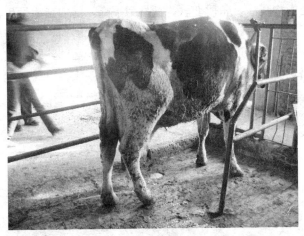

图 6-29　右后肢蹄病导致不能负重

3. 护蹄方法　供应平衡日粮，满足奶牛对各种营养成分的需求，其中应特别注意精粗料比、碳氮比和钙磷比。保持圈舍、运动场清洁、干燥，不用炉渣、石子铺运动场。保持蹄部卫生，夏天每天用清水冲洗。建立修蹄制度，每年春秋两季各修一次蹄。坚持用药物浴蹄。浴蹄药物选择 3%～5%福尔马林或 4%硫酸铜溶液。浴蹄方法有喷洒浴蹄和浸泡浴蹄。喷洒浴蹄，用清水清洗蹄部泥土粪尿等脏物，将药液直接喷洒蹄部，夏秋季每 5～7d 喷洒 1 次，冬春季可适当延长时间。浸泡浴蹄，在奶牛必经之处设蹄浴池（长 3～5m、宽 1m、深 15cm），放置药液量约 10cm，每天过蹄浴池，每周换 1 次药液。

4. 常见蹄病的治疗

（1）腐蹄病（图 6-30、图 6-31、图 6-32、图 6-33、图 6-34）的治疗　用 0.1% 高锰酸钾或 10% 硫酸铜消毒剂清洗患部，创伤内涂强杀菌剂（5% 或 10% 碘酊）消毒，再用 5% 或 10% 碘酊二次消毒，涂高锰酸钾或硫酸铜粉，用松馏油填塞，装蹄绷带，隔 2～3d 换 1 次药，一般 1～2 次即可痊愈。

当炎症侵害到蹄冠、系关节引起全身症状时，可全身用药，400～800 万 U 青霉素一次肌内注射，每天 2 次，连用 7d。

（2）蹄叶炎的治疗　继发于乳房炎、子宫炎、酮病等疾病的蹄叶炎，应着重原发病的治疗。对于慢性蹄叶炎，主要是保护蹄底角质，修整蹄形，加强饲养管理。肌内注射抗生素，青霉素 250～500 万 U，每天 2 次，7d 为 1 个疗程，连用 2～3 个疗程，防止继发感染。

奶牛患急性腐蹄病时，应先消除炎症，临床上可用抗生素和磺胺进行全身治疗。金霉素、四环素按每千克体重 0.01g，或磺胺二甲基嘧啶每千克体重 0.12g，一次静脉注射，每天 1～2 次，连用 3～5d。青霉素 250～640 万 U，1 次肌内注射，每天 2 次，连用 3～5d。

奶牛患慢性腐蹄病时，应将病牛从牛群挑出，单独隔离饲养。并将患牛蹄部修理平整，找出角质部腐烂的黑斑，用小刀由腐烂的角质部向内深挖，一直挖到黑色腐臭脓汁流出为止，然后用 10% 硫酸铜冲洗患蹄，内涂 10% 碘酊，填入松馏油棉球，或放入高锰酸钾粉、硫酸铜粉，最后装蹄绷带。

为了解除酸中毒，防止败血症，可用 5% 葡萄糖生理盐水 1 000～1 500mL、5% 碳酸氢钠液 500～800mL、25% 葡萄糖液 500mL、维生素 C 5g，1 次静脉注射，每天 1～2 次。

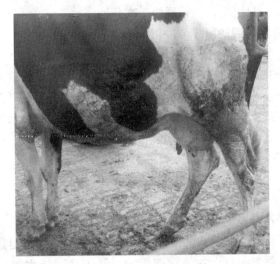

图 6-30　蹄叶炎，右后肢后方短步，行走疼痛

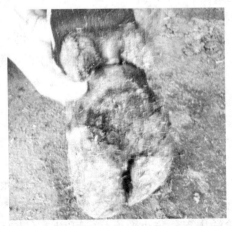

图 6-31　腐蹄病，蹄底及蹄踵部肿胀糜烂

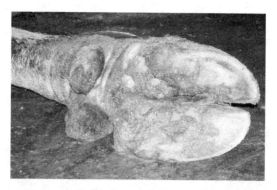

图 6 - 32　腐蹄病，蹄底坏死，蹄踵部轻度肿胀

图 6 - 33　腐蹄病，蹄底轻度坏死

5. 预防　生产中应坚持定期修蹄，保持牛蹄干净；搞好环境卫生消毒，创造干净、干燥的环境条件，保护牛蹄健康。保持运动场平整，及时清除异物和粪便。加强饲养管理，减少蹄部的损伤。加强对牛蹄的监测，并及时治疗蹄病，防止病情恶化。若牛群中有感染蹄病的，应将病牛隔离，以控制感染。在厩舍门口

图 6 - 34　腐蹄病，蹄底开始坏死

可放干的防腐剂或药液如 2％～4％硫酸铜溶液；硫黄石灰 1∶15 药浴。饲料中添加二氢碘化乙二胺和尿素或硫酸锌饲喂，对腐蹄病有预防作用。同时要保持日粮平衡，钙磷的喂量和比例要适当，以减少腐蹄病的发生。

第七章

奶牛乳房卫生保健

第一节　乳房炎的控制和预防

乳房炎是造成奶牛养殖业经济损失最大的疾病。

一、乳房炎的类型

牛群中出现的乳房炎一般分为两种：亚临床型乳房炎和临床型乳房炎。亚临床型乳房炎一般先于临床型发生。如果在牛群里发现一头牛感染临床型乳房炎，那么很可能已经有 15～40 头牛已经感染亚临床型乳房炎了。

1. 亚临床型乳房炎　感染亚临床型乳房炎奶牛的牛奶与正常牛奶在视觉上没有明显的差异，这也是一些牛场主称其为"隐藏的强盗"的原因。可以通过专业检测（如加州乳房炎测试 CMT）感染的或者疑似感染的奶牛，通过观察 SCC 判断奶牛是否被感染。亚临床型乳房炎除了产奶量降低外没有任何明显症状。

2. 临床型乳房炎　临床型乳房炎的症状非常明显。感染经常发生在某一个乳区。病牛牛奶中含有凝块，通常被感染的乳区肿胀，产奶量降低，通过检查鲜奶能够很好地鉴别临床型乳房炎。

临床性乳房炎的一个主要类型是急性、全身性乳房炎也叫血毒症乳房炎。感染牛产的牛奶质量差、食欲不振、无精打采，严重时体温升高，病牛直肠温度可能会降低。感染全身性乳房炎的奶牛被毛通常粗糙并迅速脱水。当感染乳房炎的乳区特别疼痛时奶牛可能表现出跛行，目的是为了避免腿蹭到疼痛的乳区。腹泻可能也是急性全身性乳腺炎的症状，如果引起坏疽微生物感染，感染乳区可能产生坏疽，病牛应激极大，即使康复也可能引起流产，行走困难。

对于慢性临床性乳房炎，感染通常发生在一个乳区。该乳区的牛奶一般会结块或颜色不佳，奶牛很少发烧，看起来也很健康。

二、乳房炎是怎么发生的

乳房炎是由病原菌经乳导管侵入乳房内引起的。有时乳房炎是由乳房的损伤引起的。乳房是病原菌理想的生存环境，具有充足的血液以及大量让微生物迅速繁殖的组织。初产牛更是如此，因为初产牛分娩期间乳房水肿，血液流通受阻，抗体和白细胞难以到达感染的区域，免疫力受到了抑制。

炎性细胞是抵抗病原菌的主要细胞，包括乳腺泡分泌细胞、巨噬细胞和中性粒细胞。牛奶体细胞数直接反映了血中体细胞含量的高低。感染乳房炎以后，巨噬细胞和中性粒细胞进入乳房杀灭细菌。一旦感染消失这两种细胞就会退出乳房，其他细胞则进入乳房进行修复。许多情况下，乳房损坏太严重的母牛只能用伤疤组织填充受伤的乳房，而乳房疤痕组织将永远不分泌牛奶，产量永久性消失。

三、乳房炎的发生原因

1. 链球菌 链球菌是能够引起乳房炎的普遍病原菌之一（图 7-1）。链球菌群由无乳链球菌、坏乳链球菌、乳房链球菌、牛链球菌和肠球菌组成。

无乳链球菌是一种高传染性的细菌，通常会引起周期性暴发的临床型乳房炎。它只能存活于乳腺组织里面，在奶头和乳房其

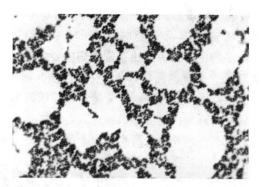

图 7-1 从感染乳腺炎奶牛乳汁中分离到的链球菌 (10×100)

他部位及外面寿命很短。无乳链球菌附着在乳房皮下，可以引起局部组织损伤。它们可以通过被牛奶污染的任何媒介传播，从一个乳区传播到另一个乳区，从一头奶牛传到另一头奶牛。被污染的媒介包括挤奶杯或相关的挤奶设备、清洁乳房用的抹布或海绵、清洗用的水以及挤奶员的手等。这种细菌很容易根除，青霉素对其很有效。

坏乳链球菌类似无乳链球菌，但感染这种细菌的畜群数量很少。这是一种污染环境的细菌，奶牛一旦感染坏乳链球菌，就迅速由亚临床型转变为临床型，速度比感染其他菌快得多。一般该菌引起的感染可以治愈。

乳房链球菌在奶牛的生活环境中无处不在，甚至土壤中都有。乳房链球菌能够在肥料、奶头、牛嘴、瘤胃中繁殖。它引起的感染有些是慢性和非临床型的。在泌乳早期由乳房链球菌引起的临床型乳房炎非常普遍，这种乳房炎很难治愈，要想从乳房中消除掉几乎是不可能的。如果不对所有奶牛进行干奶期治疗，在干奶后期奶牛感染链球菌的几率就会很高的。很多与乳房链球菌相关的乳房炎病例都是奶头受伤后发生的。

牛链球菌乳房炎发生在初产牛身上表现为临床型。牛奶看起来很正常却含有凝块和脓。此乳房炎很少能引发其他疾病，不过被感染乳区可能比较敏感。

肠球菌乳房炎通常都是亚临床型的,一般只能通过观察SCC被查出,牛奶中的细菌数比正常牛奶中要多。

2. 葡萄球菌 金黄色葡萄球菌的传染性强(图7-2),牛群中一旦有些牛感染将会很难控制。金黄色葡萄球菌不仅可以在奶头与乳房的组织内繁殖,还可在奶牛皮肤表面生存。如果过度挤奶或挤奶机使用不合理导致乳房受伤,金黄色葡萄球菌就能很快感染受伤的乳区。一旦感染就很难治愈,因为这种细菌能够渗透到乳房组织深部——抗生素不能到达的地方,同时还能在那里隐藏起来。

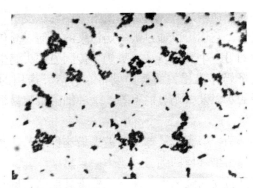

图7-2 从感染乳腺炎奶牛乳汁中分离的金黄色葡萄球菌(10×100)

金黄色葡萄球菌可以通过挤奶设备或者挤奶员的手,从一头奶牛传播到另一头奶牛,持续感染几个月很难被根除。如果不严格淘汰病牛,则可能2~3年才能从一个牛群中根除金黄色葡萄球菌所引起的乳房炎。可采用的方法包括严格药浴、干奶期治疗、感染牛最后挤奶或者单独处理感染牛。严格控制挤奶卫生就能很好地预防新感染。

葡萄球菌主要存在于皮肤上,也大量存在于奶罐里。严格做好挤奶前准备工作,不擦干净乳头绝对不能挤奶。奶头上皮肤粗糙或有龟裂的奶牛必须接受治疗。如果药浴做得不好，这种乳房炎的发病率仍然会很高。大部分金黄色葡萄球菌乳房炎可以在干奶期通过治疗痊愈。若在泌乳期治疗，则可以限制新的感染，但在泌乳后期感染这种类型乳房炎的几率仍然很高。

急性葡萄球菌乳房炎通常会引起奶牛全身性症状。分娩不久的初产牛表现出拒食、委靡不振、走路不稳、中毒、体温高达41.5℃，有时病牛久卧不起。病情严重时，乳房肿胀、发红、发热、敏感，甚至可能形成坏疽。

亚临床型葡萄球菌乳房炎除了降低奶牛产奶量外，很少有其他症状。有些乳区可能变大变硬，偶尔牛奶也会发现小薄片。典型的慢性葡萄球菌乳房炎病例，向乳房内直接注射药物，病情能马上好转。但当停止注射后，这种乳房炎又会突然出现。通常慢性乳房炎都是由葡萄球菌引起的，该菌能在组织深部休眠，所以可以在体内长期生存。葡萄球菌有很强的组织渗透能力和藏匿能力，使得由它感染的亚临床型乳房炎很难清除。

3. 大肠杆菌　大肠杆菌属中的很多细菌都能引起大肠杆菌乳房炎（图7-3）。大肠杆菌属最常见的是埃希氏大肠杆菌，该菌普遍存在于环境中，如粪便、建筑物、畜舍以及奶牛身上。它是很多动物消化道内的寄生菌。

大肠杆菌属的另一个成员是克雷波氏杆菌，该菌一般存在于树皮和锯末中。它所引起的乳房炎与大肠杆菌很像。这种细菌隐藏在用来做牛舍垫料的锯末或刨花中。

第三种大肠杆菌称为假单胞菌，一般生活在粪便或者水中。它们能存活于挤奶厅里的橡胶管、部分挤奶设备和水管中。

大肠杆菌能引起急性全身性临床型乳房炎。母牛通常表现出病态并且拒食，病牛通常发烧到40.5～41.5℃，被感染乳区敏感、疼痛、分泌水样牛奶且含有脓块。病牛还可能表现出脱水、痢疾、眼睛凹陷甚至中毒的症状。

大肠杆菌能产生毒性很强的分泌物严重影响奶牛的新陈代

谢。大肠杆菌毒素使母牛站立不稳、精神颓废、痢疾，久卧不起，严重时直肠温度降低，分泌水样牛奶（一般产量也很少）。这种感染会危及生命，不能治愈可致母牛死亡。

在乳房不健康的牛群里，慢性大肠杆菌乳房炎是很普通的。被感染乳区有脓块，但病牛精神良好。除非饲喂良好和给予治疗，否则病牛不会痊愈。

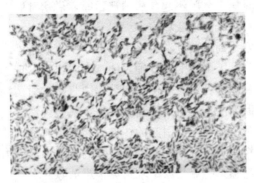

图 7-3　从感染乳腺炎奶牛乳汁中分离到的大肠杆菌（10×100）

4. 牛棒状杆菌和化脓棒状杆菌　牛棒状杆菌能很容易引起临床型乳房炎。药浴是阻止这种乳房炎传播的唯一有效途径。

化脓棒状杆菌引起的乳房炎就很难治愈，这种乳房炎不易根除，但感染一般局限于一个乳区，不会引起奶牛全身性症状。

5. 钩端螺旋体　钩端螺旋体能够引起临床型乳房炎，而且它引起的一般是全身性乳房炎。典型症状就是病牛分泌出黄色黏稠的牛奶，随即母牛会出现钩端螺旋体病的全身性症状。

6. 真菌　真菌类乳房炎是由念珠球菌和新生隐球菌引起的。这种乳房炎大部分都是由于管理不严造成的。用大剂量瓶装的抗生素治疗乳房炎容易引发真菌乳房炎。大剂量瓶装抗生素在挤奶间被污染，当用被污染的药物给病牛治疗时就会引起真菌型乳房炎。其他奶牛则在治疗慢性乳房炎的长期过程中，通过被污染的抗生素感染真菌类乳房炎。

有些奶牛是因为使用不干净的药浴杯或补充浴液的旧壶被感染的。如果这些情况发生，整个牛群都会被感染。抗生素对真菌性乳房炎是无效的。相反，如果除去病源，奶牛会在几个星期后自动恢复。

7. 支原体　支原体会引起大牛场的慢性乳房炎。慢性乳房炎病牛的牛乳较为稀薄，但没有表现病态，这样的牛会持续向牛群散发病菌，而且其余的奶牛会由于卫生状况差的挤奶设备或在接触病牛的过程中渐渐感染乳房炎。

四、奶牛为什么会感染乳房炎

奶牛可以通过以下一种或者多种途径感染乳房炎：挤奶机压力脉动；冲洗用水；擦干乳房的抹布；挤奶员的手；乳头管、乳头孔扩张管、药物注射管；环境因素等。

1. 乳房易感性的增加　以下几个因素能增加奶牛乳房炎的易感性：有下垂的大乳房就易感染成为慢性乳房炎；有一个宽阔的乳头管、漏奶，这会使奶牛有更易感染乳房炎的倾向；高产奶牛更倾向于患乳房炎；长乳头的奶牛有感染的倾向。

2. 分娩后母牛易感　通过观察分娩不久的奶牛可以发现更多感染乳房炎的病牛，这是因为在泌乳早期奶牛正处于分娩精细调控的恢复期，因此免疫力较差。乳房水肿是典型特征。

3. 奶牛饲养管理不到位　奶牛的生活环境一定要考虑。乳房炎在潮湿的气候更容易传播，其他天气状况也会引起奶牛应激。

若没有进行积极有效地灭蝇工作，乳房炎的感染就很有可能处于失控状态。采用自由卧床饲养，如果设计不合理也会引发乳房炎，如采用有机物质，例如用稻草作为卧床的垫料；如果牛舍过度拥挤，牛群的规模会影响感染乳房炎的奶牛头数；甚至牛群的饲养方式都会影响乳房炎的易感程度，因为争抢采食位会造成奶牛应激，使奶牛易于感染乳房炎。

病菌可以通过挤奶机在牛群之间传播。如果挤奶机功能异常，则可使细菌倒吸入乳头。挤奶机可能通过降低乳房血液的流速或损坏乳头末端，减弱奶牛防御病菌能力，例如防御金黄色葡萄球菌等病菌感染的能力。

许多牛场工作人员不了解营养因素在抗感染中的作用。营养不足或者有毒素存在都会使奶牛感染乳房炎的几率增加。微量元素缺乏，如硒或铜缺乏，会导致奶牛对乳房炎易感。毒素可以导致乳房炎暴发。碘的毒性可以抑制抗感染的免疫反应。日粮中过量的蛋白质水平可以提高血液尿素水平，使奶牛易于感染乳房炎。

五、大型贮奶罐奶样的检测

监测大型贮奶罐的牛奶质量是牛奶生产控制程序的一个重要部分。奶样监测信息与美国加州乳房炎检验法（CMT）（图 7 - 4）以及标准平板计数技术（SPC）结合使用，可以为奶牛管理者提供一种简便的、能用于监测牛奶质量和常规饲养条件下乳房炎状况的方法，并可提供关于牛群亚临床型乳房炎感染程度的信息。通过检测大型贮奶罐奶样的分析，能够识别出挤奶员的操作是否符合卫生标准，同时也能显示出挤奶设备清洗的洁净程度。大型贮奶罐取样分析结果能引起牛场管理者和兽医对于乳房炎诊断的高度警惕。

图 7 - 4　CMT 法检测

一旦大型贮奶罐的取样检测工作确定为一个常规的程序，有问题的奶牛就可以被识别，挤奶设备中形成的奶垢点也可被发现。兽医对大型贮奶罐奶样的常规评估一般包括 5 个方面的内容：SCC，大肠杆菌计数，实验室巴氏灭菌计数（LPC），标准平板计数（SPC）和支原体培养。

　　兽医和实验室工作人员可以完成大部分检测指标，或者把样品送到外面的实验室进行检测，如果牛场有自己的实验室，最好建立一套常规培养、检测方案，与兽医共同完成对大型贮奶罐奶样的检测，因为健康部门和乳品加工企业通常都很关心牛奶中细菌的数量。你不仅要了解你生产的牛奶中的细菌数量，还要知道这些细菌的类型。牛场工作人员和兽医应该建立一个相关的细菌数据库。这样一来，每个牛场都可以预测乳房炎发病的趋势以及在任何一次乳房炎暴发的时候能够做到有章可循。基于对过去乳房炎的发病情况，可以通过消除感染源，形成一个牛群的乳房炎控制方案。

六、如何治疗乳房炎

　　乳房炎的治疗主要是针对临床型乳房炎。对隐性乳房炎则主要以控制和预防为主，因为其发病率高，治疗的经济意义不大。对临床型乳房炎疗效的判定标准为：临床症状减轻和消失，乳汁体细胞计数降至正常范围（50 万个/mL 以下），乳汁病原菌转阴率。后两条也是判定隐性乳房炎防治效果的标准。

　　根据乳房炎的类型和感染程度不同，治疗方案也不同。

　　1. 临床型乳房炎的治疗　抗生素仍是治疗乳房炎的首选药物，其次是磺胺类药物。为提高疗效，使用抗生素等药物前最好采奶样做病原微生物分离和药敏试验。为了不延误治疗时机，应该边采奶样做微生物培养，边进行治疗。《中华人民共和国食品卫生法》规定，用抗生素治疗的泌乳母牛所产的奶，5d 内不得作为食品销售，因为乳中药物残留的排除，抗生素用药后需

96h，磺胺类药物需72h。为了减少奶中抗生素的残留，可采用液体替代疗法，即使用催产素，一次肌内注射5～10IU，4h 1次，尽量排空已感染乳区中的乳，可使乳中的病原菌及其毒素一起排出，此法对用抗生素治疗的泌乳母牛也有提高疗效的作用。

药物治疗途径，采取局部乳房内灌注给药和肌内注射或静脉全身给药。乳房内灌注在每次挤完奶后进行。一般对亚急性病例，采取乳房内灌注即可，但要坚持3d；急性病例，采取乳房内灌注和全身给药，至少3d；最急性病例，必须全身和乳房内灌注同时给药，并结合静脉输液，及选择其他消炎药物和对症疗法。

治疗乳房炎常用的抗生素有青霉素、链霉素、新生霉素、头孢菌素、红霉素、土霉素、恩诺沙星等。经广泛调查，链球菌属和金黄色葡萄球菌是我国奶牛乳房炎的主要病原菌。对链球菌感染的乳房炎首选青霉素和链霉素；对金黄色葡萄球菌感染的可采用青霉素、红霉素，亦可采用头孢菌素、新生霉素；对大肠杆菌感染的可采用大剂量双氢链霉素，也可采用庆大霉素、新霉素，但要坚持至炎症完全治愈，否则可能复发。

2. 全身治疗　对所有出现全身反应的乳房炎，为了治疗乳房感染，同时控制或防止出现败血症或菌血症，应采取全身抗生素疗法。用标准计量的抗生素就可有效地控制全身症状，但抗生素从血流向乳房的扩散极为缓慢，因此彻底消除乳房的感染十分困难，但在乳腺受损时则扩散很快。乳房严重肿胀，难以进行乳房内灌注时也可采用全身疗法。

采用全身疗法时，可采用大剂量抗生素，其药品及每千克体重的计量如下：青霉素16 500U，土霉素10mg，泰乐菌素或红霉素12.5mg，磺胺二甲嘧啶200mg，其中四环素及泰乐菌素由于其抗菌谱广，扩散能力强而效果较好。而青霉素族、链霉素、新霉素效果不佳。

3. 乳房灌注　乳房灌注疗法方便有效，是治疗乳房炎的有效方法。但治疗时一定要严格消毒，以免将细菌、真菌等引入乳区。

　　乳腺发生炎症后会妨碍灌入药物的扩散，因此对急性乳房炎，在行灌注治疗之前可注射催产素使乳区完全排空。为了使药物在乳房内停留的时间尽可能长些，可在傍晚挤奶之后进行灌注。泌乳牛常用的灌注药物及剂量为：青霉素 100 000U；邻氯青霉素 500mg；邻氯青霉素 200mg、氨苄青霉素 75mg；螺旋霉素 250mg；链霉素 1mg、青霉素 100 000U；土霉素 200～400mg；金霉素 200mg；新霉素 500mg。

　　4. 干奶牛疗法　对慢性乳房炎，尤其是金黄色葡萄球菌引起的慢性乳房炎可在干奶期治疗，常常可取得很好的疗效，而且具有预防效果。但干奶期乳腺的分泌物黏稠，因此会干扰灌注药物的扩散，故建议在最后几次挤奶或干奶期起始或终末时进行灌注。此外，干奶期治疗也是预防乳房炎十分重要的措施之一（图 7-5）。

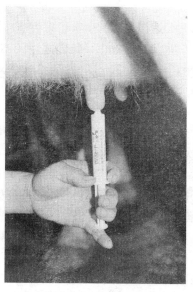

图 7-5　干奶注射

5. 其他药物疗法　为减少和避免乳中抗生素的残留，可以采用中草药制剂进行治疗。

（1）蒲公英　蒲公英是多种治疗乳房炎中药方剂的主要成分，例如：双丁注射液（蒲公英和地丁）、复方蒲公英煎剂（含蒲公英、金银花、板蓝根、黄芩、当归等）、乳房宁1号（含蒲公英等9味中药）。

（2）洗必泰　对革兰氏阳性菌、阴性菌和真菌均有较强的杀菌作用，而且不产生抗药性。据报道，乳房内灌注使用，对亚急性病例疗效最好，急性次之，慢性病例较差。另外，它对酵母菌、曲霉菌、白霉菌等也均有效。

（3）CD-01液　主要由醋酸洗必泰等药物组成，不含抗生素，不影响乳品卫生，病原菌对其不易产生抗药性。治疗临床型乳房炎，每天1次，每乳区注入100mL，总有效率为91.76％，平均治疗3.5次。将CD-01液与复方蒲公英煎剂合用，可提高病原菌转阴率。

（4）新洁尔灭　适用于对抗生素已有耐药性的病例，100mL蒸馏水中加入5％新洁尔灭2mL，每乳区注入40～50mL，按摩3～5min，后挤净，再注入50mL，每天2次。对临床型乳房炎一般2～6d可治愈。

（5）蜂胶　有抗菌、防病、抗真菌、镇痛、抗肿瘤和刺激非特异性免疫等功效。对抗生素治疗无效的临床型乳房炎有一定疗效，用药1～2次明显好转，一般需连续治疗5～11d。

（6）维生素 E（V_E）和硒（Se）　维生素 E 和硒是具有相似生物学活性的必需营养成分，近10多年来的研究表明，奶牛乳房炎的发病率及其严重性与牛群中的维生素 E 和硒的状况有关，日粮中补充维生素 E 和硒能降低临床型乳房炎的发病率，并能缩短病程。我国除陕西和湖北个别地区外，均为贫硒和缺硒地区，奶牛存在缺硒的潜在可能性。研究表明饲料中添加维生素 E 和硒可明显降低临床型乳房炎的发病率，尤其对泌乳前期的奶牛。Smith 认为，在泌乳早期效果最显著，因为泌乳初期维生素E 随初乳大量排出，使乳腺抵抗力下降。维生素 E 和硒有相互协同的作用，单独应用时效果较差。用量为每头牛每天口服维生素 E 0.5g、硒 1mg，混于饲料中喂给。

七、乳房卫生保健措施

奶牛乳房的解剖、生理和奶的生产特点，决定了它随时随地都在受到病原微生物的威胁。所以，必须制订一个比较合理的乳房卫生保健措施，长期坚持，才能将乳房炎的发病率控制在最低限度。奶业发达国家控制隐性乳房炎的具体做法如下：

1. 挤奶卫生　母牛要整体清洁，尤其是乳房要清洁、干燥。乳头套挤奶杯前，用最少量的水冲洗（图 7 - 6），用纸巾清洁和擦干（图 7 - 7）。

图 7 - 6　对乳头进行清洁冲洗

2. 乳头浸浴　每次挤奶后进行，浸液的量不要多，但要能浸没整个乳头（图 7 - 8）。

3. 干奶期预防　泌乳期末，每头母牛的所有乳区都要注入抗生素。药液注入前，要清洁乳头，乳头末端不能有感染。

4. 淘汰慢性乳房炎病牛　这些病牛不仅奶产量低，而且从乳中不断排出病原微生物，已成为感染源。

5. 保护牛群的"封闭"状态　避免因牛的引进或出入带来新的感染源。

6. 定期评价挤奶机的性能　虽然挤奶机的影响大约只占乳房炎问题的 5%，但仍要保持挤奶机的真空稳定性和正常的脉动频率，不要因此而损害乳头管的防护机能。要保持挤奶杯清洁，及时更换易损坏的挤奶杯"衬里"，因为它容易"滑脱"而造成感染。

7. 定期进行桶奶或个体母牛奶的 SCC　根据细胞数目采取相应的防治措施。应使奶业生产者知道，传染性病原菌、奶的体细胞数和奶产量损失之间的关系，认识到预防隐性乳房炎的重要性。

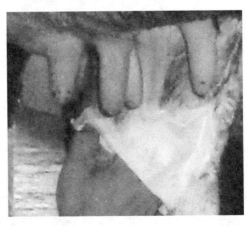

图 7-7　乳头冲洗后用纸巾清洁、擦干

图7-8　乳头浸浴消毒

八、泌乳期卫生保健措施

1. 乳头浸浴　泌乳期采用乳头浸浴可杀灭附着在乳头管口及其周围和已侵入乳头管内的微生物。因为，挤奶后1～2h，乳头管松弛，容易感染细菌。坚持每次挤奶前、后各浸浴乳头1次，可明显降低乳房炎新感染率。

乳房在干奶期要经过自动退化期（干奶后前3周）、退化稳定期（约2周）和生乳期（产犊前约2周）3个阶段。自动退化期和生乳期是微生物易感时期。所以，奶牛产后急性乳房炎的突发，实际是干奶期时已受到了感染。干奶牛在干奶后前10d和临产前10d，每天乳头浸浴2次，可减少围产期乳房炎的发病率。

常用而效果良好的乳头浸浴药液有0.5%洗必泰、3%～4%次氯酸钠、过氧乙酸。也有用0.5%～1.0%威力碘溶液浸浴，或碘消灵浸浴。碘消灵为有机碘制剂，系非表面活性剂与碘反应而成，含有效碘1.5%～2.0%，加水稀释成0.5%的溶液，对乳头无刺激性。

2. 当归护乳膏 为外用中药油性杀菌剂，不含抗生素，对乳头无刺激性，有预防乳房炎和在冬天防止乳头干裂的作用，可替代乳头浸浴。

3. 乳头保护膜 乳头保护膜是一种丙烯溶液，浸渍乳头后，可在乳头皮肤表面形成一层薄膜，封闭乳头管口，防止细菌侵入，并固定和杀灭已附着在乳头表皮的病原菌。据报道，使用乳头保护膜后大肠杆菌性乳房炎可下降76%，金黄色葡萄球菌的感染可下降28%。

4. 左旋咪唑（LMS）和芸苔子 LMS是一种细胞免疫调节剂，它能修复细胞的免疫功能，增强机体的抗病能力。芸苔子有破坏细菌细胞壁某些酶的活性和促进PMN吞噬作用的能力。这两种药物口服均有使隐性乳房炎乳汁CMT阳性检出率下降的作用。

九、干乳期卫生保健措施

由于干奶期乳腺的自动退化和再次生乳，乳头管和乳腺的防御机能降低，是易受微生物感染的重要时期。据报道，干奶期乳房炎发病率占乳房炎总发病率的10%，在干奶期治疗乳房炎，其疗效高于泌乳期，而且没有奶的丢弃等损失。所以，实行干奶期乳房卫生保健是防治乳房炎的重要环节，用于干奶期防治的药物和剂型要具备抗菌谱广、维持有效浓度时间长（3周以上）两个条件，一般都采用缓释作为赋形剂。

干奶期防治的研究始于20世纪50年代，至今剂型已由水剂、油剂到一次性软管状注入。有效浓度维持时间也由1~2d、1~2周，发展到4~8周。药物有：

1. 复方（长效）青霉素油剂 内含氯苯唑钠、青霉素和氨苄青霉素，以菜油为基质，有10mL和20mL两种针剂，仅适合于干奶期使用。注入后如发现乳区有红、肿、热、痛等症状，可再注射1次。产后1周测奶样有无青霉素残留。

2. 干奶安 由多种抗生素配成的复方油悬剂，对无乳链球菌的抑菌效果最好，为 40mL 瓶装，1 头牛用量为每乳区注入 10mL。隐性乳房炎病牛干奶前注入，疗效较好。

3. 复方氟哌酸制剂 为 10mL 针剂，内含氟哌酸 250mg 和 TMP 抗菌增效剂（甲氧苄氨嘧啶）100mg，每个乳区注入 10mL，治疗大肠杆菌感染效果良好，尤其在大量使用青霉素后大肠杆菌性乳房炎增加的牛场效果更明显。

十、环境性病原菌的控制

随着接触传染性病原菌逐渐得到控制，特别是已经有效控制的牛群，环境性病原菌引起的乳房炎发病率提高。有报道指出，临床型乳房炎的发病率与牛床上的细菌数直接相关，这种乳房炎很难从每月的乳汁 SCC 检出。因而要给所有母牛提供清洁和干燥的牛床，尽可能减少牛床的细菌数。同时，尽可能限制用水，使乳房，尤其是乳房的腹侧面和乳头保持干燥。对使用挤奶前乳头浸浴的，要将乳头擦干，然后套上挤奶杯开始挤奶，以减少环境病原菌的活动和乳头杯"衬里"的滑动，并防止浸浴液残留进入乳汁。

十一、乳房炎疫苗的应用

由于受以下因素影响，乳房炎疫苗的研制进展相当缓慢，①乳房炎致病菌范围很广，很难用单一菌种的疫苗预防；②乳汁是细菌生长的优良环境；③乳汁中乳脂和乳蛋白抑制 PMN 的吞噬活性；④乳中缺乏有效的免疫防御成分，如巨噬细胞、淋巴细胞、补体和免疫球蛋白等；⑤全身免疫产生的抗体需通过血—乳屏障，从而降低了乳中抗体的含量和活性。近年来，乳房炎疫苗的研制和应用得到了发展，在乳房炎控制措施中将越来越发挥重要作用。已研制出并应用的疫苗有：大肠杆菌疫苗、金黄色葡萄球菌疫苗、无乳链球菌疫苗和奶牛乳房炎多联苗（A）等。但有人认为，由于病原菌的复杂和多变，研制疫苗不是方向。

1. 大肠杆菌疫苗 由于核心抗原疫苗的成功研制，接种疫苗已是预防大肠杆菌乳房炎的关键措施。无毒的大肠杆菌或沙门氏菌经过处理，抗原的蛋白质外壳被破坏。当抗原的核心被制成疫苗之后，能够刺激奶牛形成对许多革兰氏阴性菌的特异的免疫力，包括大肠杆菌引起的乳房炎以及沙门氏菌对乳房造成的损伤。这项技术对奶牛养殖业而言是真正先进的技术。对母牛进行有计划的分娩前和分娩之后立即再免疫的两次免疫，奶牛就会对大部分大肠杆菌、沙门氏菌引发的感染有免疫作用，并且能将这种免疫作用通过初乳传递给犊牛。经济学分析表明，大部分牛场能从对疫苗方面的投资获得 600% 的回报。

2. 金黄色葡萄球菌疫苗 可降低亚临床型和临床型乳房炎的发病率。金黄色葡萄球菌疫苗的价值在于，在注射疫苗后短期内，与其他控制乳房炎措施共同使用，可降低 SCC 水平。

3. 无乳链球菌疫苗 由于抗生素能很好地控制无乳链球菌的感染，可能影响它的有效使用。

奶牛乳房炎的防治是一个复杂问题，由于奶生产的特点，乳房炎随时随地都在产生新的感染病例，只有了解它的发病特点，严格实行有效的综合防治措施，并长期坚持，才能使新发病例控制在最低限度。

第二节 挤奶操作与卫生

2008 年 10 月，我国农业部组织制定了《生鲜乳生产技术规程（试行）》，其中明确规定了挤奶厅的挤奶操作技术与卫生要求，其技术规程如下：

1. 挤奶方式与设备 我国目前的挤奶方式分为机械挤奶和手工挤奶，并鼓励手工挤奶向机械挤奶转变。机械挤奶分为提桶式和管道式两种，管道式挤奶又分为定位挤奶和厅式挤奶（图 7-9）两种。厅式挤奶主要有鱼骨式、并列式和转盘式 3 种类型。

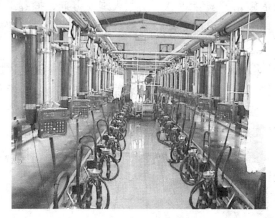

图 7-9　现代化挤奶厅

2. 挤奶设施

（1）挤奶设施组成　挤奶设施包括挤奶厅、待挤区、设备室、贮奶间、更衣室、办公室、锅炉房等。

（2）挤奶厅位置　挤奶厅应建在养殖场的上风处或中部侧面，距离牛舍较近，有专用的运输通道，不可与污道交叉。既便于集中挤奶，又减少污染。要避免运奶车直接进入生产区。

（3）挤奶厅的环境要求和卫生控制

1）地面与墙面　挤奶厅应采用绝缘材料或砖石墙，墙面最好贴瓷砖，要求光滑，便于清洗消毒；地面要做到防滑、易于清洁。

2）排水　挤奶厅地面冲洗用水不能使用循环水，必须使用清洁水，并保持一定的压力；地面可设一个到几个排水口，排水口应比地面或排水沟表面低 1.25m，以防积水。

3）通风和光照　挤奶厅通风系统应尽可能考虑能同时使用定时控制和手动控制的电风扇，光照强度应便于工作人员进行相关的操作。

4）贮奶间　只能用于冷却和贮存生鲜牛乳，不得堆放任何化学物品和杂物；禁止吸烟，并张贴"禁止吸烟"的警示牌；有防昆虫的措施，如安装纱窗、使用灭蝇喷雾剂、捕蝇纸和电子灭蚊蝇器，捕蝇纸要定期更换，不得放在贮奶罐上；贮奶间的门应保持关闭状态；贮奶间污水的排放口需距贮奶间 15m 以上。

5）贮奶罐　外部应保持清洁、干净，没有灰尘；贮奶罐的盖子应保持关闭状态；不得向罐中加入任何物质；交完奶后应及时清洗贮奶罐并将罐内的水排净。

6）外部环境　保持挤奶厅和贮奶间建筑外部的清洁卫生，防止滋生蚊蝇虫害。用于杀灭蚊蝇的杀虫剂和其他控制害虫的产品应当经国家批准，对人、奶牛和环境安全没有危害，并在牛体内不产生有害积累。

3. 挤奶操作

（1）健康检查　挤奶前先观察或触摸乳房外表是否有红、肿、热、痛症状或创伤。

（2）乳头预药浴　对乳头进行预药浴，选用专用的乳头药浴液，药液作用时间应保持在 20～30s。如果乳房污染特别严重，可先用含消毒水的温水清洗干净，再药浴乳头（图7-10）。

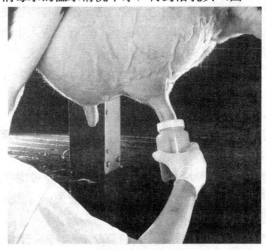

图7-10　乳头药浴

（3）擦干乳头 挤奶前用毛巾或纸巾将乳头擦干，保证一头牛一条毛巾（图7-11）。

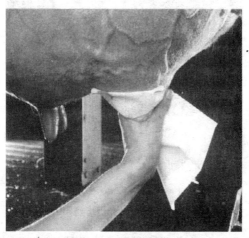

图7-11 药浴后擦干

（4）挤去前2～3把奶 把前2～3把奶挤到专用容器中，检查牛奶是否有凝块、絮状物或水样，正常的牛可上机挤奶；异常时应及时报告兽医进行治疗，单独挤奶。严禁将异常奶混入正常牛奶中。

（5）上机挤奶 上述工作结束后，及时套上挤奶杯组（图7-12）。奶牛从进入挤奶厅到套上奶杯的时间应控制在90s以内，保证最大的奶流速度和产奶量，还要尽量避免空气进入杯组中。挤奶过程中观察真空稳定情况和挤奶杯组奶流情况，适当调整奶杯组的位置。排乳接近结束时，先关闭真空，再移走挤奶杯组。严禁下压挤奶机，避免过度挤奶。

（6）挤奶后药浴 挤奶结束后，应迅速进行乳头药浴，乳头在药液中停留3～5s。

（7）其他 固定挤奶顺序，切忌频繁更换挤奶员。药浴液应在挤奶前现用现配，并保证有效的药液浓度。每班药浴杯使用完后应清洗干净。应用抗生素治疗的牛只，应单独使用一套挤奶杯

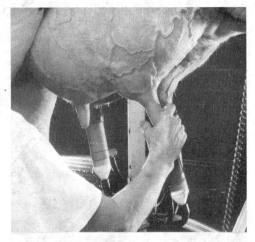

图 7-12 上机挤奶

组，每挤完 1 头牛后应进行消毒，挤出的奶放在容器中单独处理。奶牛产犊后 7d 以内的初乳饲喂新生犊牛或者单独贮存处理，不能混入商品奶中。

4. 挤奶员要求 必须定期进行身体检查，获得县级以上医疗机构出具的健康证明；应保证个人卫生，勤洗手、勤剪指甲、不涂抹化妆品、不佩戴饰物；手部刀伤和其他开放性外伤，未愈前不能挤奶；建议挤奶操作时，穿工作服和工作鞋，戴工作帽。

5. 生鲜牛乳的冷却、贮存与运输

（1）贮运容器 贮存生鲜牛乳的容器，应符合《散装乳冷藏罐》（GB/T 10942—2001）的要求。运输奶罐应具备保温隔热、防腐蚀、便于清洗等特性，符合保障生鲜乳质量安全的要求。

（2）冷却 刚挤出的生鲜牛乳应及时冷却、贮存。2h 之内冷却到 4℃以下保存。

（3）贮存时间 生鲜牛乳挤出后在贮奶罐的贮存时间原则上不超过 48h。贮奶罐内生鲜牛乳温度应低于 6℃。

（4）运输 从事生鲜牛乳运输的人员必须定期进行身体检查，

获得县级以上医疗机构的身体健康证明。生鲜牛乳运输车辆必须获得所在地畜牧兽医部门核发的生鲜乳准运证明，必须具有保温或制冷型奶罐。在运输过程中，尽量保持生鲜牛乳装满奶罐，避免运输途中生鲜牛乳振荡，与空气接触发生氧化反应。严禁在运输途中向奶罐内加入任何物质。要保持运输车辆的清洁卫生。

6. 挤奶设备及贮运设备的清洗

（1）清洗剂的选择 应选择经国家批准，对人、奶牛和环境安全没有危害，对生鲜牛乳无污染的清洗剂。

（2）挤奶前的清洗 每次挤奶前应用清水对挤奶及贮运设备进行冲洗。

（3）挤奶后的清洗消毒

1）预冲洗 挤奶完毕后，应马上用清洁的温水（35～40℃）进行冲洗，不加任何清洗剂。预冲洗过程循环冲洗到水变清为止。

2）碱酸交替清洗 预冲洗后立刻用 pH 11.5 的碱洗液（碱洗液浓度应考虑水的 pH 和硬度）循环清洗 10～15min。碱洗温度开始在 70～80℃，循环到水温不低于 41℃。碱洗后可继续进行酸洗，酸洗液 pH 为 3.5（酸洗液浓度应考虑水的 pH 和硬度），循环清洗 10～15min，酸洗温度应与碱洗温度相同。视管路系统清洁程度，碱洗与酸洗可在每次挤奶作业后交替进行。在每次碱（酸）清洗后，再用温水冲洗 5min。清洗完毕管道内不应留有残水。

3）奶车、奶罐的清洗 奶车、奶罐每次用完后应清洗和消毒。具体程序是先用温水清洗，水温 35～40℃；再用热碱水（温度 50℃）循环清洗消毒；最后用清水冲洗干净。奶泵、奶管、阀门每用 1 次，都要用清水清洗 1 次。奶泵、奶管、阀门应每周 2 次冲刷、清洗。

7. 挤奶设备的维护 挤奶设备必须定期做好维护保养工作。挤奶设备除了日常保养外，每年都应当由专业技术工程师全面维护保养。不同类型的设备应根据设备厂商的要求作特殊维护。

（1）每天检查 ①真空泵油量是否保持在要求的范围内。②集乳器进气孔是否被堵塞。③橡胶部件是否有磨损或漏气。④真空表读数是否稳定，套杯前与套杯后，真空表的读数应当相同，摘取杯组时真空会略微下降，但5s内应上升到原位。⑤真空调节器是否有明显的放气声，如没有放气声说明真空储气量不够。⑥奶杯内衬/杯罩间是否有液体进入。如果有水或奶，则表明内衬有破损，应当更换。

（2）每周检查　①检查脉动率与内衬收缩是否正常。在机器运转状态下，将拇指伸入1个奶杯，其他3个奶杯堵住或折断真空，检查每分钟按摩次数（脉动率），拇指应感觉到内衬的充分收缩。②奶泵止回阀是否断裂，空气是否进入奶泵。

（3）每月检查和保养　①真空泵皮带松紧度是否正常，用拇指按压皮带应有1.25cm的张度。②清洁脉动器。脉动器进气口尤其需要进行清洁，有些进气口有过滤网，需要清洗或更换，脉动器需按供应商的要求进行加油。③清洁真空调节器和传感器。用湿布擦净真空调节器的阀、座等（按照工程师的指导），传感器过滤网可用皂液清洗，晾干后再装上。④奶水分离器和稳压罐浮球阀。应确保这些浮球阀工作正常，还要检查其密封情况，有磨损时应立即更换；冲洗真空管、清洁排泄阀、检查密封状况。

（4）年度检查　每年由专业技术工程师对挤奶设备做系统检查。

8. 生鲜牛乳质量检测

（1）生鲜乳化验室和检测设备　鼓励机械化挤奶厅和生鲜乳收购站设立生鲜乳化验室，并配备必要的乳成分分析检测设备和卫生检测仪器、试剂。

（2）检测指标和检测方法　按照《生鲜乳收购标准》（GB/T 6914—1986）的要求对生鲜牛乳的感官指标（气味、颜色和组织状态）、理化指标（密度、蛋白质、脂肪、酸度、乳糖、非脂固形物、干物质等）进行检测。有条件的可以进行微生物指标和体细胞数的测定。

第八章

奶牛常见疾病的防治

第一节　奶牛常发细菌病防治

一、炭疽

由炭疽杆菌引起的一种急性、热性、败血性的人兽共患传染病。病牛表现为突然高热，可视黏膜发绀和天然孔出血，血液凝固不良，呈煤焦油样。其病变特点是脾脏显著肿大，皮下及浆膜下结缔组织出血性浸润。

1. 病原　炭疽杆菌。

2. 流行病学　本病的主要传染源是患畜，当患畜处于菌血症时，可通过粪、尿、唾液及天然孔出血等方式排菌，如尸体处理不当，会使大量病菌散播于周围环境，若不及时处理，则会污染土壤、水源或牧场，尤其是形成芽孢，可能成为长久疫源地。

本病主要通过奶牛采食污染的饲料、饲草和饮水，经消化道感染，但经呼吸道和吸血昆虫叮咬而感染的可能性也存在。自然条件下，草食兽最易感，以绵羊、山羊、马、牛易感性最强，骆驼和水牛及野生草食兽次之。猪的感受性较低，犬、猫、狐狸等肉食动物很少见，家禽几乎不感染，许多野生动物也可感染发病，实验动物中以豚鼠、小鼠、家兔较敏感，大鼠易感性较差。人对炭疽普遍易感，但主要发生于那些与动物及畜产品接触机会较多的人员。

本病常呈地方性流行，干旱或多雨、洪水涝积、吸血昆虫多都是促进炭疽暴发的因素，例如干旱季节，地面草短，放牧时牲畜易于接近受污染的土壤；河水干枯，牲畜饮用污染的河底浊水，或大雨后洪水泛滥，易使沉积在土壤中的炭疽芽孢泛起，并随水流扩大污染范围。此外，从疫区输入病畜产品，如骨粉、皮革、羊毛等也常引起本病暴发。

3. 症状　各种家畜和人都有不同程度的易感性。潜伏期1～3d，有的长达14d。根据临床症状和病程可分为以下几型：

（1）最急性型　多见于流行初期。牛突然发病，行如醉酒，或突然倒地，全身战栗。体温升高，呼吸极度困难，可视黏膜蓝紫，天然孔流出煤焦油样血液，常于数分钟内死亡。

（2）急性型　最为常见，体温升高至42℃，呼吸和心跳增数，可视黏膜蓝紫，表现兴奋不安，吼叫或顶撞人畜，以后精神不振，反刍停止，瘤胃臌胀。奶牛泌乳停止，呼吸困难，孕牛迅速流产。有的病牛有腹痛和血样腹泻。后期体温下降，痉挛而死，病程1～2d。

（3）亚急性型　症状类似急性型，除急性热性病征外，常在体表各部，如喉部、颈部、胸前、腹下、肩胛、乳房等部皮肤，以及直肠、口腔黏膜等发生水肿。初期硬固有热痛，以后热痛消失，可发生坏死，有时可形成溃疡，病程较长可达1周。

4. 防制　发生炭疽时应立即上报疫情并封锁发病场所。禁止动物、动物产品和草料出入疫区，禁止食用患病动物乳、肉等。动物尸体依法焚烧或覆盖生石灰或20%漂白粉后深埋。周围假定健康群应立即进行紧急免疫接种；可疑动物可用敏感药物防制，如青霉素、土霉素、链霉素及磺胺类药。

全场彻底消毒，污染的地面连同15～20cm厚的表层土一起取下，加入20%漂白粉溶液混合后深埋。污染的饲料、垫草、粪便焚烧处理。牛舍的地面和墙壁用20%漂白粉溶液或10%烧碱水喷洒3次，每次间隔1h，然后认真冲洗，干燥后火焰消毒。在最后 1 头动物死亡或痊愈 14d 后，若无新病例出现，则可报请兽医防疫部门批准，并经终末消毒后方可解除封锁。

由于炭疽的疫源地一旦形成难以在短期内根除，因此对炭疽疫区内的易感动物，每年应定期进行预防接种。常用的疫苗有无毒炭疽芽孢苗或炭疽二号芽孢苗，接种后 14d 产生免疫力，免疫期为 1 年。

二、坏死杆菌病

坏死杆菌病是由坏死梭杆菌引起的各种哺乳动物和禽类的一种慢性传染病。牛由于发生部位不同而有犊白喉、腐蹄病等名称，以病变部组织呈现坏死和有特殊臭味为特征。

1. 病原　坏死杆菌病为多形性的杆菌，一般长 $700\mu m$ 或更长，宽为 $0.5\sim1\mu m$，本菌无鞭毛，无芽孢，无荚膜。本菌严格厌氧。本菌在自然界中分布很广，在动物饲养场，被污染的沼泽、土壤中可发现此菌。此外，还常存在于健康动物的口腔、肠道、外生殖器等处。

2. 流行病学

传染源：本病的主要传染源是患病动物和带菌动物。

传播途径：本菌的传播途径主要是经损伤的皮肤和黏膜（口腔）而感染。新生幼畜有时可经脐带感染。许多诱因促使本病发生，如经常行走于崎岖或荆棘丛生之处；吸血昆虫叮咬；圈棚场地泥泞，动物相互撕咬和践踏；饲喂硬锐的草料；矿物质特别是钙、磷缺乏，维生素不足，营养不良；低湿地带或多雨季节；闷热、潮湿、污秽的环境等。本病常为散发或呈地方流行性。

本病一年四季均可发生，但带有明显的季节性，以夏季多雨、潮湿及炎热季节多发，而秋冬季节仅见有散发病例，如鹿，因其角质保护的组织形成多，故较少见发生。

易感动物：多种畜禽和野生动物均有易感性。其中羊（特别是绵羊）、牛（尤其是乳牛）最易感，马猪稍次，禽类更次，人偶尔感染。幼畜较成年畜易感。实验动物中兔及小鼠易感，豚鼠次之。坏死杆菌病也常见于动物园中各种动物，如袋鼠、猴、羚羊、蛇类及龟类等。

3. 症状 本病的传染源主要为患畜和带菌动物，潜伏期一般为1～3d。病型因受害部位不同而有所不同。

（1）腐蹄病 多见于成年牛。病初跛行，蹄部发热肿胀，流出恶臭的脓汁，极为疼痛。不久趾间或蹄后部皮肤出现坏死区，并逐渐向上向深部蔓延，甚至波及关节，严重者可引起蹄匣脱落，出现发热、厌食等全身症状，可发生脓毒败血症而死亡。

（2）坏死性口炎 又称"犊白喉"，多发生于犊牛。病初厌食、体温升高、流涎。在颊、齿龈、软腭、舌缘及喉头等处黏膜发生坏死，坏死灶表面附有污褐色粗糙的假膜，假膜脱落后露出溃疡面。如病灶发生于喉头、气管，则可致呼吸困难；如转移至肺，则可引起坏死性支气管肺炎；如转移至肠，则可引起坏死性肠炎而呈现下痢。

4. 防治

（1）治疗 对腐蹄病，应先彻底清除患部坏死组织（图8-1），用1％高锰酸钾水、3％来苏儿或10％硫酸铜冲洗消毒，也可通过5％福尔马林或10％硫酸铜进行蹄浴。用1％甲醛酒精绷带多层包扎后，涂布熔化的柏油或裹以石膏，防止绷带脱落和污物渗入。对犊白喉，小心除去假膜，用1％高锰酸钾水冲洗口腔，然后涂擦碘甘油，每天2次，直至痊愈。为了防止病菌转移，还可静脉注射抗菌药物。

（2）预防 加强环境卫生和护蹄，避免皮肤和黏膜损伤，发生外伤时要及时处理。不到低洼潮湿地放牧，在多发季节，可在饲料中加抗生素类药物进行预防。

图8-1 腐蹄病，手术清理患部

三、牛巴氏杆菌病

牛巴氏杆菌病又称牛出血性败血症，是牛的一种急性传染病。以发生高热、肺炎、急性胃肠炎和内脏广泛性出血为特征。

1. 病原 多杀性巴氏杆菌，溶血性巴氏杆菌。

2. 流行病学 多种动物和禽类均有易感性，以牛、猪、鸡、鸭、火鸡、兔子较常见，绵羊、山羊、鹅次之；马偶有发生，鹿、水貂也常发生，许多野生禽、兽也能感染发病。

传染源：病畜、病禽和带菌动物。牛、羊、猪扁桃体的带菌率都很高（45%以上）。家禽的带菌主要在上腭裂内，所以有时畜群中发生巴氏杆菌病，往往查不到传染源。就是由于本身带菌，在一些因素的影响下使其抵抗力降低，病菌乘机侵入，引起内源性感染。

传播途径：主要是消化道、呼吸道，也可经损伤的皮肤、黏膜感染。

本病的发生一般无明显的季节性，但以冬春（天气多变，冷热交替）、闷热、多雨潮湿的季节多发。

3. 症状　潜伏期 2～5d，根据临床症状可分为以下 3 种类型：

（1）败血型　体温突然升高到 41～42℃，精神沉郁，食欲废绝，不久就开始腹泻，起初粪便是糊状，随病情的加重逐渐转为水样，有时粪便里夹带有血，且恶臭。鼻孔、尿液中也有可能带有血，这种症状维持不到 1d，体温就很快下降，病牛就有可能死亡。

（2）肺炎型　该型最常见，患病牛的脖子、胸部发生浮肿，造成呼吸困难，皮肤发紫，舌头外翻，流泪，流涎，有痛性干咳，鼻孔流出无色或带血泡沫。叩诊胸部，一侧或两侧有浊音区；听诊有支气管呼吸音和啰音，或胸膜摩擦音。严重时，呼吸高度困难，头颈前伸，张口伸舌，病牛常迅速死于窒息。有些犊牛常出现便血或严重腹泻，最终也会因虚脱而死亡。

（3）水肿型　病牛胸前和头部水肿，严重的可能波及腹部，触诊有硬实感，牛表现出疼痛感。舌、咽部严重肿胀，眼红肿、流泪，呼吸困难，最后也因窒息或腹泻虚脱而死亡。怀孕母牛患病很可能发生流产、产死胎等情况。

4. 防制

（1）治疗　注射抗出败高免血清，大牛 60～100mL，小牛 30～50mL，一次皮下注射，同时用青霉素、链霉素、磺胺药联合治疗，同时对症治疗。

（2）预防　平时应加强饲养管理和清洁卫生，消除疾病诱因，增强奶牛抗病能力。对病牛和疑似病牛应严格隔离。对污染圈舍和用具用 5％漂白粉或 10％石灰乳消毒。发过病的地区，每年接种牛出血性败血症氢氧化铝菌苗 1 次，体重 200kg 以上的牛 6mL，小牛 4mL，皮下或肌内注射。

四、犊牛大肠杆菌病

犊牛大肠杆菌病是由致病性大肠杆菌引起的新生犊牛一种急

性传染病。其临床特征是排灰白色稀便（故又称犊牛白痢）或呈急性败血症症状。本病发生较为普遍，常与病毒性腹泻合并发生。

1. 病原　革兰氏阴性无芽孢的直杆菌。与动物有关的大肠杆菌可分为五大类：产肠毒素大肠杆菌、产类志贺毒素大肠杆菌、肠致病性大肠杆菌、败血性大肠杆菌以及尿道大肠杆菌。

2. 症状　潜伏期很短，仅几个小时。根据病牛犊的年龄和症状，本病有以下3种类型。

（1）败血型　几乎都发生于2～3日龄的初生牛犊。病犊牛表现发热，精神不振，间有腹泻，常常呈急性败血症症状，病程很短，有的没等出现任何症状就突然死亡。

（2）肠毒血症型　较少见，常突然死亡。

（3）肠型　病初体温升高达40℃，食欲减退或废绝，数小时后开始下痢。初期排出的粪便呈淡黄色粥样，有恶臭，继而呈水样、淡灰白色，混有未消化的凝乳块、凝血及泡沫，有酸败气味。病的末期，患畜因肛门松弛粪便自由流出，污染后躯。病畜常腹痛，用腿踢腹部，后期高度衰竭，卧地不起，有时表现痉挛。一般经1～3d因虚脱而死。死亡率可达80%～100%。耐过的病畜，恢复很慢，发育迟缓，并常有继发脐炎、关节炎或肺炎等病。

3. 防制　本病的治疗原则是抗菌、补液、调节胃肠机能和调整肠道微生态平衡。

（1）抗菌　可用土霉素、链霉素或新霉素。内服的初次剂量为每千克体重30～50mg。12 h后剂量可减半，连服3～5 d。或以每千克体重10～30mg的剂量肌内注射，每天2次。

（2）补液　将补液的药液加温，使之接近体温。补液量以病畜脱水程度而定，原则上失多少水补多少水。当病畜有食欲或能自吮时，可用口服补液盐。口服补液盐处方：氯化钠2.5g，氯化钾1.5g，碳酸氢钠3.5g，葡萄糖粉20g，温水1 000mL。不能自吮时，可用5％葡萄糖生理盐水或复方氯化钠液1 000～1 500mL，静脉注射。发生酸中毒时，可用5％碳酸氢钠液80～100mL。注射时速度宜慢。如能配合适量母牛血液更好，皮下注射或静脉注射，一次150～200mL，可增强抗病能力。

（3）调节胃肠机能　可用乳酸2g、鱼石脂20g、加水90mL调匀，每次灌服5mL，每天2～3次。也可内服保护剂和吸附剂，如次硝酸铋5～10g、白陶土50～100g、活性炭10～20g等，以保护肠黏膜，减少毒素吸收，促进病畜早日康复。有的用复方新诺明，每千克体重0.06g，乳酸菌素片5～10片、食母生5～10片，混合后一次内服，每天2次，连用2～3d，疗效良好。

（4）调整肠道微生态平衡　待病情有所好转时，可停止应用抗菌药，内服调整肠道微生态平衡的生态制剂。例如，促菌生6～12片，配合乳酶生5～10片，每天2次；或健复生1～2包，每天2次；或其他乳杆菌制剂。使肠道正常菌群早日恢复其生态平衡，有利于早日康复。

五、牛沙门氏菌病

牛沙门氏菌病又叫牛副伤寒，是由鼠伤寒沙门氏菌和都柏林沙门氏菌所引起的一种传染病。临诊多表现为败血症和肠炎，可使怀孕母畜发生流产。

1. 病原　肠杆菌科沙门氏菌属。

2. 症状　多数犊牛于10～14日龄以后发病，体温可高达40～41℃，食欲废绝，排出灰黄色液状粪便，混有黏液、血液，具有恶臭味。通常于发病后5～7d因脱水而死亡，死亡率可达50％。未死者可能发生关节肿或支气管肺炎。

成年牛症状多不明显或取隐性经过，少数表现严重下痢，粪便带血，剧烈腹痛，并可很快死亡。孕牛流产。即使症状消失，仍可随粪便排菌，污染外界，造成新的传染。

3. 防制

（1）治疗　抗生素疗法，沙门氏菌易产生抗药性，如用一种药物无效时，可换用另一种。下痢较重时，应对症治疗，及时输液，以防脱水（参照大肠杆菌的治疗）。

（2）预防　主要是加强对犊牛和母牛的饲养管理，保持卫生，减少诱病因素。死亡牛应深埋或烧毁，同时对圈舍、用具彻底消毒。也可试用牛副伤寒氢氧化铝菌苗进行预防接种。

六、结核病

结核病是人兽共患慢性传染病。特征是病程缓慢，渐进性消瘦、咳嗽、衰竭并在多种组织器官形成结核结节，继而结节中心干酪样坏死或钙化。

1. 病原　结核分支杆菌。

2. 症状　本病以奶牛的易感性最高，潜伏期长短不一，短者十几天，长者数月甚至数年。根据侵害部位不同，本病分为以下几型：

（1）肺结核　以长期顽固的干咳为特点，且以清晨最明显。食欲正常，容易疲劳，逐渐消瘦。病情严重者，可见气喘，呼吸困难。有的病牛体表淋巴结肿大。

（2）乳房结核　一般先是乳房上淋巴结肿大，继而后两乳区患病，以发生局限性的或弥漫性的硬结为特点，硬结无热无痛，表面高低不平。泌乳量降低，乳汁变稀，严重时乳腺萎缩，两侧乳房变得不对称，泌乳停止。

（3）肠结核　多见于犊牛，以消瘦和持续性下痢，或便秘下痢交替出现为特点。粪便带血或带脓汁，味腥臭。

此外，结核杆菌还可以侵害其他器官，发生睾丸结核、子宫结核、淋巴结结核、浆膜结核和脑结核等。

3. 防制　主要采取检疫、隔离、消毒等综合性防疫措施，来防止疫病传入，达到净化污染群、培育健康畜群的目的。主要措施：

（1）健康牛群　平时加强防疫、检疫、消毒措施，以防疫病传入。每年春秋两季定期进行结核病检疫。同时，结合临诊等检查。若发现阳性病畜，则及时处理，畜群按污染群对待。

（2）污染牛群　要反复多次进行检疫，不断发现阳性病畜，应淘汰该群中的开放性病畜及生产性能不好、利用价值不大的结核菌素阳性病牛。

（3）假定健康牛群　为向健康群过度的畜群，在第1年应每3个月进行1次检疫，直至没有阳性牛出现为止。然后再经1～1.5年连续进行3次检疫，连续3次都为阴性反应，即可改为健康群。

（4）培育健康犊牛　病牛所产犊牛出生后只吃3～5d初乳，以后则喂以健康牛乳或消毒乳，小牛按规定在出生后20～30d、90～120d和160～180d进行3次检疫，凡阳性者予以淘汰。如都为阴性，又无任何可疑临诊症状，可放入假定健康群中进行培育。

加强消毒工作，每年应进行2～4次预防性消毒，牛群中出现阳性病牛后都应进行一次大消毒（常用的消毒药有：5％来苏儿、3％苛性钠溶液等）。对粪便要经发酵处理。

结核病人不得饲养管理牛群。

七、牛布鲁氏菌病

牛布鲁氏菌病是人兽共患的慢性传染病。主要侵害生殖系统，以母牛发生流产、不孕和胎膜发炎，公牛发生睾丸炎和不育为特征，故又称传染性流产。本病分布较广，严重损害人畜的健康。

1. 病原　本菌分为6个种20个生物型：马耳他布鲁氏菌（羊种）1～3个生物型、流产布鲁氏菌（牛种）1～9个生物型、猪布鲁氏菌1～5个生物型、绵羊布鲁氏菌、沙林鼠布鲁氏菌和犬布鲁氏菌。

本菌为细胞内寄生菌，在自然条件下抵抗力较强。

2. 流行病学　本病的易感动物范围很广，如牛、牦牛、野牛、水牛、羊、羚羊、鹿、骆驼、猪、野猪、马、狗、猫、狐、野兔、猴、鸡、鸭，以及一些啮齿动物和人。其中，主要是羊、牛、猪。鹿对本病也敏感，北极狐和貂易感。

马耳他布鲁氏菌，除感染山羊、绵羊外还能感染牛、鹿、马和人；流产布鲁氏菌，除感染牛外，还能感染马、猫、鹿、骆驼及人等；猪布鲁氏菌除感染猪外，也可感染牛、马、鹿、羊等；绵羊附睾布鲁氏菌只感染绵羊。

动物越接近性成熟对本病越易感，性别对易感性无明显差异，但通常公畜对本病有一定的抵抗力。

传染源是病畜和带菌者（包括人和野生动物）。病畜可从乳汁、粪便和尿液中排出病原体，污染草场、畜舍、饮水、饲料及排水沟等。公畜睾丸炎精囊中带菌，随交配和人工授精感染母畜。病母畜流产时，病菌随流产胎儿、胎水和胎衣及阴道分泌物等排出，成为最危险的传染源。

本病主要传播途径是消化道，即通过污染的饲料和水源等而感染。本菌也可经过阴道、皮肤、结膜、自然配种和呼吸道等侵入机体感染。吸血昆虫也可传播本病。

本病呈地方流行性，无明显季节性。

3. 症状　患病牛是主要传染源，潜伏期2周到6个月。患牛多为隐性感染，妊娠母牛的主要表现是流产，流产多发生于妊娠5～8个月，流产后多数伴发胎衣不下（图8-2）或子宫内膜炎，流产胎儿可能是死胎（图8-3）、弱犊。有的病愈后长期排菌，可成为再次流产的原因。有的经久不愈，屡配不孕，终被淘汰。

公牛可发生睾丸炎和附睾炎，并失去配种能力。有的病牛发生关节炎、滑液囊炎、淋巴结炎或脓肿。

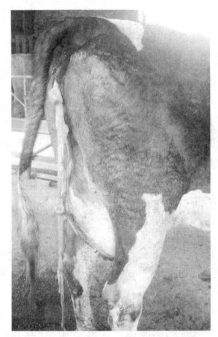

图8-2　母牛感染布鲁氏菌后，引起的胎衣不下

图8-3　流产胎儿水肿、出血

4. 检疫、扑杀　每年都要对所有的牛进行一次检查，阳性者扑杀。引种时一定要做好严格的检查工作。要做好消毒工作，切断传播途径。该病容易传染给人，所以饲养者、兽医专业人员和屠宰人员都应该注意自身防护。

八、李氏杆菌病

俗称"青贮病"。是产单核细胞李氏杆菌引起的一种人兽共患的散发性传染病。患此病的成年牛常表现运动失调、肌肉震颤等脑膜炎症状，犊牛表现败血症和局限性肝坏死，妊娠母牛发生流产。

1. 病原　本病主要是由产单核细胞李氏杆菌引起。本菌在分类上属于李氏杆菌属。产单核细胞李氏杆菌是一种革兰氏阳性小杆菌，在抹片中或单个分散，或两个菌排成"V"，或互相并列。

2. 流行病学　自然发病在家畜以绵羊、猪、家兔的报道较多，牛、山羊次之，马、犬、猫很少；在家禽中，以鸡、火鸡、鹅较多，鸭较少。许多野兽、野禽、啮齿动物特别是鼠类都易感染，且常为本菌的贮存宿主。

本病为散发性，一般只有少数发病，但病死率很高。各种年龄的动物都可感染发病，以幼龄较易感，发病较急，妊娠母畜也较易感。有些地区牛、羊发病多在冬季和早春。

患病动物和带菌动物是本病的传染源。从患病动物的粪、尿、乳汁、精液以及眼、鼻、生殖道的分泌液都曾分离到本菌。家畜饲喂青贮饲料可引起李氏杆菌病，故称为"青贮病"。

自然感染可能是通过消化道、呼吸道、眼结膜以及皮肤破伤。饲料和水可能是主要的传染媒介。冬季缺乏青饲料，天气骤变，有内寄生虫或沙门氏菌感染时，均可成为本病发生的诱因。

3. 症状　本病主要发生于寒冷季节，潜伏期为2～3周，有的可能只有几天，也有的可以长达两个月。病牛体温会升高1～2℃，不久降至常温。成年牛主要表现为神经症状。头颈因一侧性麻痹而偏向一侧，并沿该方向做圆圈运动，遇到障碍以头抵撞。有时吞咽肌麻痹而大量流涎。最后卧地不起，强行翻身，又迅速翻转过来。妊娠母牛常流产。幼犊常伴发败血症，血检单核细胞明显增多。

4. 防制 早期大剂量应用抗生素，青霉素、链霉素或磺胺嘧啶钠。平时注意杀虫灭鼠，不喂变质青贮饲料。发现病牛应立即隔离、消毒。

九、牛副结核

副结核病又名副结核性肠炎，是主要发生于牛的一种慢性传染病。其特征是肠壁增厚形成皱褶，顽固性腹泻，逐渐消瘦。

1. 病原 副结核分支杆菌，具有抗酸染色特性。

本菌对外界环境的抵抗力较强，在污染的牧场，厩肥中可存活数月，在粪便中可存活 125～146d，将本菌先置−4℃5 个月，然后 4℃5 个月，最后在 18℃8 个月，仍存活。对消毒药的抵抗力与结核杆菌相似。

2. 流行病学 牛（尤其奶牛和幼龄牛）最易感，绵羊、山羊、鹿、骆驼、马等也能感染。

传染来源：病畜（症状明显的开放性病畜和隐性期内的病畜）和带菌畜。主要是采食了被病畜粪便污染的饲料、牧草或饮水，经消化道而感染。除此以外，还可通过子宫内感染。

此病的发展特别缓慢，一般要到产犊后才发展为开放性剧烈腹泻症状。

此病为散发，有时可成为地方流行性疫病。

3. 症状 潜伏期 6～12 个月，甚至 2 年以上。本病主要经消化道传染。病牛初期间断性腹泻，以后逐渐变为顽固性腹泻，粪便稀薄，常呈喷射状，恶臭，带有气泡。病牛逐渐消瘦，后躯尖削，贫血，胸垂、腹下和乳房水肿。直肠检查可触摸到肥厚的小肠管。一般经过 3～4 个月衰竭死亡，体温常无变化。

4. 防制 本病尚无特效的治疗药物。平时着重严格检疫，防止引进病牛或带菌牛。对有临床症状或细菌学检查阳性的牛，及时扑杀处理。应加强环境消毒，加强牛舍和用具的消毒，切断传播途径，粪便应堆积高温发酵后用作肥料。

十、牛传染性角膜结膜炎

牛传染性角膜结膜炎又叫"红眼病"，是由多种病原菌引起的牛的一种急性接触性传染病。其特征为眼结膜和角膜发生明显的炎症，伴有大量流泪，随后发生角膜混浊或溃疡。

1. 病原　牛传染性角膜结膜炎是以摩勒杆菌为主的一种多病原性疾病。本菌对理化因素的抵抗力弱，一般加热至59℃，经5min可杀死该菌。病菌离开病畜后，在外界环境中存活一般不超过24h。

2. 症状　各种年龄的牛都可感染，潜伏期3～7d。常呈一侧性（图8-4）感染，也有部分为两侧性（图8-5）感染。初期病牛怕光，流泪，以后转为黏液脓性分泌物。眼睑红、肿、痛，眼不能张开（图8-6）。不少病例2～3d后角膜浑浊，或在角膜上形成白色或灰色小点（图8-7）。严重时角膜增厚，并形成溃疡。病牛一般没有全身症状，间有体温稍高和精神委靡。部分病牛引起角膜翳、白斑（图8-8）。病程为15～20d，多数病牛可自然康复，但往往失明。

图8-4　一侧角膜高度混浊

图 8-5 双侧角膜混浊

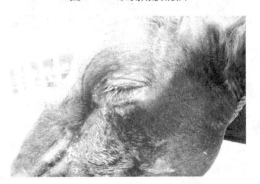

图 8-6 怕光流泪，不敢睁眼

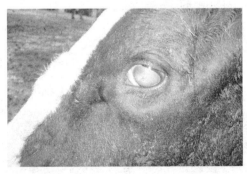

图 8-7 几天后可见角膜开始混浊

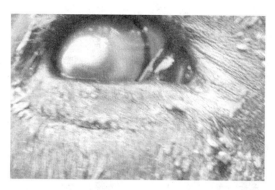

图8-8　角膜出现增生性白斑，周围布满血丝

3. 防制　病牛立即隔离，早期治疗。可先用2%～4%硼酸水洗眼，再涂以金霉素眼膏，每天2～3次。用青霉素、链霉素液点眼，每天3次，青霉素1万～2万U，链霉素100～200mg。用2%可的松软膏涂病眼。如果病牛的角膜有混浊现象，可涂1%～2%黄降汞软膏。同时，应进行杀虫、灭蝇，以控制本病的传播。

十一、牛放线菌病

牛放线菌病又叫"大颌病"，是由放线菌引起的一种慢性化脓性肉芽肿性传染病。特征是在头、颈、下颌和舌上发生肿大。

1. 病原　牛放线菌和林氏放线杆菌。

2. 症状　本病主要感染2～5岁的牛，经常侵害颌骨以及唇、舌、咽、齿龈、头颈部的皮肤和皮下组织。病菌侵害之处，都发生硬固的、界限明显的、无热无痛或硬结的放线菌肿（图8-9、图8-10）。侵害颌骨时，多数从第3、第4白齿处开始；侵害软组织时，多见于颌下、头、颈等部位，侵害舌肌时，舌组织肿胀变硬，触压如木板，故又称"木舌病"。放线菌肿逐渐增大，影响牛呼吸、咀嚼和吞咽，还可穿透皮肤排脓，形成瘘管，经久不愈。乳房患病时，呈弥散性肿大或有局灶性硬结，影响泌乳。

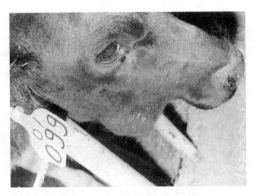

图 8-9　放线菌感染（齐长明）

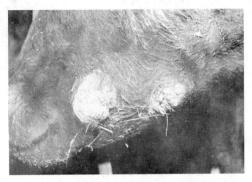

图 8-10　放线菌感染破溃（齐长明）

3. 防制　防止皮肤、黏膜创伤，不用过长过硬的干草喂饲。手术切除硬结。内服碘化钾及用青霉素注射患部。

十二、犊牛肺炎链球菌病

链球菌病是肺炎链球菌引起的急性、热性呼吸道传染病。

1. 病原　肺炎链球菌为革兰氏阳性菌。菌体呈瓜子状成对排列，也有短链状，菌体短，有荚膜，无芽孢和鞭毛（图 8-11）。在普通培养基上不生长，在鲜血琼脂培养基上生长良好。

病菌对一般消毒药敏感，太阳照射 1h 即可灭活。

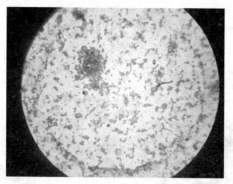

图 8-11　链球菌（16×100）（王春璇）

2. 症状　急性病牛：发病突然，食欲废绝，精神沉郁，体温升高至 39.5～41.3℃，呈弛张热；呼吸增数，每分钟达 80～100 次，心跳加快，每分钟 80～100 次。

典型症状：1～15 日龄犊牛表现消化道型：拉稀便，腹泻，排出黏液性、褐色稀便，恶臭；目光无神，脱水，眼窝下陷，被毛粗乱，食欲减少或废绝，极度消瘦、死亡（图 8-12）。

图 8-12　犊牛排稀便死亡（王春璇）

15 日龄以上的犊牛表现呼吸道型：气喘，呼吸急、浅表，腹部扇动，消瘦，死亡。对一般抗生素药物无反应。

慢性病牛：表现咳嗽，鼻漏呈浆液性或脓性（图 8-13），呼吸急促，气喘，腹部扇动，张口呼吸，可视黏膜发绀；肺部听诊，肺的前下部有啰音。

图 8-13　犊牛流脓性鼻涕（王春璈）

死亡病例病理剖检变化主要以呼吸系统的病变为主，肺心叶、尖叶、膈叶、外观及切面有弥散性多量针头大至黄豆大的化脓灶（图 8-14、图 8-15）。胸膜上有绒毛，胸膜与肺粘连。

图 8-14　肺的心叶、尖叶化脓灶（王春璈）

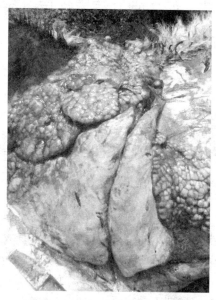

图 8-15 肺内弥散性多量针头大至黄豆大的化脓灶（王春璇）

3. 防制 发病后，立即将病犊放于隔离舍内，单独集中饲养。舍内应干净、干燥、通风、保暖。已发病牛场，对产后 3d 的犊牛应加强检查，凡体温升高，食欲废绝的犊牛应尽早送往隔离牛舍内治疗。

对症治疗：一般抗生素药物疗效甚微。如选用青霉素、庆大霉素、红霉素等也有一定作用，但疗效不佳。

经临床验证：头孢哌酮-舒巴坦钠较敏感，剂量 4g，溶于 5%葡萄糖氯化钠溶液 500mL、静脉注射每天 1 次，连用 5～7d 为一疗程。

拜有利 10mL 溶于 5%葡萄糖氯化钠溶液 500mL、静脉注射每天 1 次，连用 5～7d。

第二节　奶牛常发病毒性传染病防制

一、口蹄疫

民间俗称"口疮"、"蹄癀"。世界动物卫生组织规定的"A"类传染病之首。

牛口蹄疫是由口蹄疫病毒引起牛的一种急性、热性、高度接触性的烈性传染病。其临床主要特征为口、舌、唇、蹄、乳房等部位发生水疱和烂斑。其中，成年牛多取良性经过，犊牛多因心肌受损而死亡。本病传染性极强，常在短期内形成大流行，会造成严重的经济损失。

1. 病原　口蹄疫病毒，属于微 RNA 病毒科，口蹄疫病毒属，是 RNA 病毒中最小的一个。口蹄疫病毒具有多型性、易变异的特点。根据其血清型特性，目前分为 7 个血清型，即 A、O、C、SAT1（南非 1 型）、SAT2（南非 2 型）、SAT3（南非 3 型）、Asia Ⅰ型（亚洲Ⅰ型）。

2. 流行病学

传染源：患病动物以及带毒动物。

传播途径：多途径传播，直接接触传播以及间接接触传播，呼吸道、消化道以及损伤的皮肤和黏膜。

易感动物：牛、羊、猪、鹿、骆驼等偶蹄兽。牛最易感，人也可感染。

周期性和季节性：3 年左右一次大流行，但近年来连续流行；无严格的季节性，但冬春季多发。

3. 症状　牛感染口蹄疫病毒后，潜伏期为 2~4d，最长可达 1 周左右。病牛体温升高至 40~41℃，精神委顿，闭口流涎（图 8-16）。1d 后，口唇内面、齿龈、舌面和颊黏膜出现蚕豆至核桃大小的水疱。口角流涎增多，呈白色泡沫状，常挂在嘴边（图 8-17、图 8-18），采食完全停止。水疱经 24h 破裂形成浅表的红色糜烂（图8-19）。与此同时或稍后，趾间及蹄冠皮肤表现热、肿、痛，继而发生水疱、烂斑，病牛跛行（图8-20）。水疱破溃后，体温下降，全身症状好转。如果蹄部继发细菌感染，局部化脓坏死，则病程延长，甚至蹄匣脱落。病牛的乳房皮肤有时也可出现水疱、烂斑（图8-21、图8-22）。犊牛患病时，水疱症状不明显，常呈急性胃肠炎和心肌炎症状而突然死亡（恶性口蹄疫、"虎斑心"），死亡率高达20％～50％。孕牛可发生流产。

图8-16　精神不振，闭口流涎，停止舔鼻

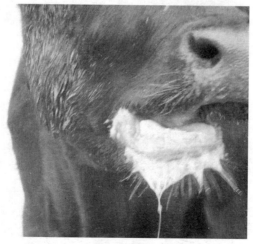

图8-17　流涎，白色泡沫常挂在嘴边

图 8-18　下颌左右摇摆，多量流涎

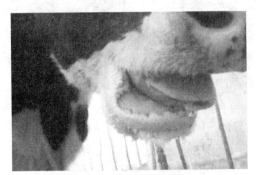

图 8-19　舌边水疱破裂形成红色糜烂

图 8-20　蹄冠水疱破溃糜烂并跛行

图 8-21 乳头皮肤糜烂坏死

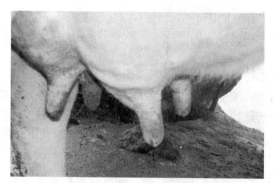

图 8-22 多个乳头皮肤的表皮糜烂

4. 防制 口蹄疫病牛应全群扑杀，不准治疗。

（1）平时的预防措施 在本病的常发区以及受威胁区，每3～4 个月进行1次疫苗接种，不同地区根据不同的流行病学背景决定免疫不同血清型的疫苗，主要包括 O 型、亚洲 I 型和 A 型。

（2）发病时采取的措施

①发生口蹄疫时，首先向上级主管部门报告疫情，根据"早、快、严"的原则，划定疫点、疫区以及受威胁区，封锁疫区。

②扑杀疫点内发病牛只，紧急免疫接种疫区以及受威胁区内的所有易感动物，主要包括猪、牛和羊。

③最后一头病牛扑杀14d后，无新病例出现，经彻底消毒，报请上级兽医主管部门批准后方可解除封锁。

二、牛病毒性腹泻—黏膜病

牛病毒性腹泻—黏膜病是由牛病毒性腹泻病毒引起的，主要发生于牛的一种急性、热性传染病，其临床特征为黏膜发炎、糜烂、坏死和腹泻。简称牛病毒性腹泻或牛黏膜病。

1. 病原　牛病毒性腹泻病毒，又名黏膜病病毒，黄病毒科，瘟病毒属的成员，单股有囊膜的RNA病毒。

2. 流行病学

传染源：患病牛或者带毒牛。

传播途径：直接或间接接触传播，经消化道和呼吸道感染；也可垂直传播。

易感动物：奶牛最易感，以6~18月龄者居多。

3. 症状　潜伏期7~14d，临床上一般分为急性型和慢性型，但同型病例其临床症状往往差别很大。

（1）急性型　牛突然发病，病初呈上呼吸道感染症状，表现发热（40~42℃），流鼻液，咳嗽，呼吸急促，流泪，流涎，精神委顿等。有的可发生第2次体温升高。接着口腔黏膜发生糜烂或溃疡，出现腹泻。糜烂见于唇内、齿龈、上颚、颊部和舌面以及鼻镜、鼻孔周围，呈现散在的、浅表而细小的糜烂，不易被发现。腹泻刚开始是水泻，以后带有黏液和血液，恶臭。奶牛泌乳减少或停止，有的发生趾间皮肤溃疡、蹄冠炎、蹄叶炎，从而导致跛行。重症病牛多于5~7d因急性脱水和衰竭而死亡。病理变化主要是口腔、食管、胃肠黏膜的水肿和糜烂，其中以食管中成纵行的小糜烂最有特征性。

（2）慢性型　多由急性型转归而来。慢性病牛很少有明显的发热症状，但体温有时可能略高于正常。最特征的症状是鼻镜上的糜烂，这种糜烂可在鼻镜上连成一片。眼角常有浆液性分泌物，口腔内很少有糜烂，但门齿齿龈通常发红。持续性或间歇性腹泻。病牛有时会出现蹄叶炎及趾间皮肤糜烂，从而导致跛行。有的颈部、耳后皮肤呈皮屑状或局限性脱毛和表皮角化。大多数病牛均死于2～6个月内。这种病牛通常呈持续感染，发育不良，终归死亡或被淘汰。

妊娠牛患病时，可发生流产、木乃伊胎，或引起多种先天性畸形，如白内障，眼过小，秃毛，短颈，肺、胸腺、小脑等器官发育不全等。最常见的缺陷是小脑发育不全，从而导致患犊出现站立不稳、走路摇晃等症状，还可引起不育症。主要病变出现在消化道和淋巴组织。特征性损害是食道黏膜上出现形状大小不等的呈直线排列的糜烂灶。

4. 防制　本病目前尚无有效治疗方法。引种时要加强检疫，防止引进带毒牛。一旦发生本病，对病牛要隔离治疗或急宰。严格消毒，限制牛群活动，防止扩大传染。必要时采用猪瘟弱毒疫苗（异源苗）进行预防接种。

三、牛流行热

俗称"三日热"、"暂时热"，是由牛流行热病毒引起牛的一种急性热性传染病。其临床主要特征是高烧、流泪、呼吸促迫、流出泡沫样的口水、流鼻液以及后躯僵硬、跛行。发病率高，但多取良性经过，轻症2～3d即可恢复正常。

1. 病原　牛流行热病毒属于弹状病毒科牛流行热病毒属的单股不分节段的 RNA 病毒。

2. 流行病学

易感动物：奶牛和黄牛；3～5岁牛多发；肥胖牛病情严重；怀孕牛发病率高于公牛；高产牛多发。

传染源：病牛。

传播途径：吸血昆虫的叮咬。

3. 症状　潜伏期3～7d，分为3种类型：呼吸型、胃肠型和瘫痪型。

该病主要发生在蚊蝇较多的季节，特别是在 7～9 月易发生流行。潜伏期 3～7d，在此期间病牛有打寒战、动作不太协调的表现，但通常不易被察觉。随后，突然发烧达 40℃ 以上，并持续 2～3d，病牛在高热时，呼吸困难，常发出呻吟声。眼结膜发红肿胀，流泪、怕光，鼻中流出透明黏稠鼻液，嘴边有泡沫，嘴角流口水呈线状。排尿量减少，常排出暗褐色不清亮的尿液。病牛不爱活动，行走时步态不稳，后肢抬举困难，常擦地前行。鼻镜干燥、反刍停止、产奶量下降甚至停乳。更严重时，病牛常卧地不起，四肢关节有轻度肿胀和疼痛，甚至跛行。孕牛可流产，大多数牛能耐过，个别病牛可因窒息或继发肺炎而死亡。

4. 防制 无特异疗法，应对症治疗，减轻病情，提高机体抗病力。

加强环境卫生，消灭蚊蝇，做好防暑降温工作。供给易消化且营养丰富的优质饲料，以提高机体抗病力。应经常保持牛栏清洁干燥、通风凉爽。发生疫情后，及时隔离病牛，并进行严格的封锁和消毒，消灭蚊蝇等吸血昆虫，能有效地控制疫情。

四、恶性卡他热

恶性卡他热又称恶性头卡他、坏疽性鼻卡他，是由狷羚疱疹病毒Ⅰ型引起牛的一种急性、热性、高度致死性传染病。其特征为发热，眼、口、鼻黏膜剧烈发炎，角膜混浊，并伴有严重的神经症状，病死率很高。

1. 病原 狷羚疱疹病毒Ⅰ型，属疱疹病毒科疱疹病毒亚科。

2. 流行病学

易感动物：黄牛和水牛。

传染源：绵羊、非洲角马及画眉鸟。

传播途径：与上属动物直接接触后发病，一般认为牛与牛之间不能引起直接传染。

3. 症状　本病一年四季均可发生，多见于冬季和早春，一般呈零星散发。潜伏期一般 4～20 周或更长。临床病型有多种，如头眼型、消化道型、最急性型、良性型、慢性型等，但常为混合表现。病牛突然高热（41～42℃）稽留，全身迅速虚弱，不久眼、口、鼻黏膜剧烈发炎。双眼羞明，眼睑肿胀闭合，流泪，常有脓性及纤维素性分泌物，角膜混浊甚至发生溃疡，最终完全失明。同时，鼻镜干裂、糜烂或坏死；口鼻黏膜充血、糜烂或溃疡，覆有污灰色假膜，其味恶臭；额窦、鼻窦和角窦发炎致使局部发热，角根松动甚至角脱落。头部和全身淋巴结肿大。粪便先干后泻，混有血液，恶臭。有的皮肤出现丘疹、水疱疹或龟裂等变化。多数病例伴发神经症状，沉郁或昏迷，有时兴奋，鸣叫，磨牙，甚至攻击人畜。病程一般 5～14d，但有少数呈最急性经过，不等出现眼、口、鼻的特征性症状，即于 1～2d 死亡。良性经过时只表现轻微的头部黏膜卡他。

4. 防制　本病目前尚无特效的治疗方法和药物。

控制本病最重要的措施是，在本病流行区将牛羊隔离，避免牛羊接触或混群圈养，防止疾病传播。

五、轮状病毒感染

轮状病毒感染主要是多种幼龄动物（包括牛、羊、猪、犬、马、兔等）和婴幼儿的一种急性肠道传染病，统称轮状病毒腹泻，以厌食、腹泻、脱水和体重减轻为特征。

1. 病原　属呼肠孤病毒科，轮状病毒属，双股 RNA 病毒。

2. 流行病学

传染源：患病牛和隐性感染牛。

传播途径：消化道传播。

3. 症状　该病多发生在晚秋、冬季和早春季节，1 周龄内的新生犊牛多发。潜伏期 15～96h，病犊精神委顿，体温正常或略有升高。若体温下降到常温以下则是死亡征兆。厌食和腹泻，粪便黄白色、液状，有时带有黏液和血液，腹泻持续4～7d，则脱水明显，病死率可达50%。寒冷气候使许多病犊继发严重的肺炎而死亡。

4. 防制　发现病畜应立即隔离到已消毒的清洁、干燥和温暖牛舍内，加强管理，及时清除病畜粪便及其污染的垫草，对污染的环境和容器及时消毒。停止喂奶，让病畜自由饮用葡萄糖盐水。并对病畜进行对症治疗，如口服收敛止泻剂，使用抗菌药物以防止继发感染，静脉注射5%葡萄糖盐水和5%碳酸氢钠溶液，以防止脱水和酸中毒等。

增强牛只的抵抗力。新生犊牛及早吃到初乳，可以减少和减轻发病。轮状病毒疫苗昂贵，很少有牛场使用。

六、牛传染性鼻气管炎

牛传染性鼻气管炎又称"坏死性鼻炎"、"红鼻子病"。是由Ⅰ型牛疱疹病毒引起牛的一种急性、呼吸道接触性传染病。临床特征是鼻道、气管黏膜发炎，出现发热、咳嗽、流鼻液和呼吸困难等，有时伴发结膜炎、阴道炎、龟头炎、脑膜脑炎、乳房炎，也可发生流产。

1. 病原　牛传染性鼻气管炎是由牛传染性鼻气管炎病毒或牛疱疹病毒Ⅰ型引起，牛传染性鼻气管炎病毒在分类上属疱疹病毒科、α疱疹病毒亚科。

2. 流行病学　主要感染牛，肉牛的感染率高于奶牛，犊牛感染率高于成年牛。

传染源：病牛和带毒牛。隐性带毒牛视最危险的传染源。

传播途径：接触传播经空气、飞沫、精液而感染，亦可垂直传播。

3. 症状　潜伏期4～6d，有时达20d以上。根据侵害的组织不同，本病有5种临床类型，但是它们往往同时存在。

（1）呼吸型　在临床上较为常见，通常发生于寒冷季节。病牛高热40℃以上，咳嗽，呼吸困难，流泪，流涎，流黏液脓性鼻液、鼻黏膜高度充血，有散在的灰黄色小脓疱或浅而小的溃疡。鼻镜也发炎充血，呈火红色，故有"红鼻子病"之称。病程10～14d，发病率高达75%以上，但病死率不高，通常在10%以下。犊牛症状急而重，常因窒息或继发感染而死亡。

（2）生殖型　主要见于性成熟的牛，多由交配传染。母牛患本病型又称传染性脓疱性外阴阴道炎。病牛尾巴竖起挥动，频尿，阴门流黏液脓性分泌物并成线条状。外阴和阴道黏膜充血肿胀，散在有灰黄色粟粒大的脓疱，严重时黏膜表面被覆灰色假膜，并形成溃疡，甚至发生子宫内膜炎。公牛患本病型又称传染性脓疱性包皮龟头炎。患病公牛龟头、包皮内层和阴茎充血，形成小脓疱或溃疡，康复后可长期带毒。

（3）脑膜脑炎型　主要发生于犊牛。病犊体温升高达40℃以上，开始表现为流鼻液、流泪、呼吸困难等症状。3～5d后可见肌肉痉挛，兴奋或沉郁，视力有障碍。最后出现惊厥、共济失调、角弓反张、口吐白沫、倒地、多很快死亡。病死率50%以上。

（4）眼炎型　多与上呼吸道炎症合并发生。主要症状是结膜角膜炎，表现结膜充血，眼睑水肿，大量流泪；角膜形成云雾状灰色坏死膜，结膜形成颗粒状坏死膜，眼、鼻有浆液性或脓性分泌物，很少引起死亡。

（5）流产型　如果是妊娠牛，可在呼吸道和生殖器症状出现后的1～2个月内流产，也有突然流产的。如果是非妊娠牛，则可因卵巢功能受损害导致短期内不孕。

4. 防制　本病目前无特效药物治疗，为阻止继发感染，可应用广谱抗生素或磺胺类药物，配合对症治疗以减少死亡。

预防本病的关键是防止传染源侵入牛群，引进牛只时，一定要先隔离检疫3周，对种公牛要采精检验，确认健康后方可混群或参加配种。流行区域和受威胁地区，用牛传染性鼻气管炎弱毒疫苗或灭活疫苗进行免疫接种，以预防和控制本病。6月龄以上犊牛必须接种疫苗。

第三节　奶牛常发寄生虫病防治

一、焦虫病

焦虫病（有的把焦虫叫梨形虫或血孢子虫）是由硬蜱传播的焦虫，寄生于红细胞和牛的网状内皮细胞内所引起的急性、热性寄生虫病。其临床特征是高烧、贫血、消瘦和出血性胃肠炎。

1. 症状　病牛体温升高且夜间最高，角根发热，心跳加快，食欲减退，反刍弛缓；产奶减少或完全停止。体表淋巴结高度肿大。随着病程发展，出现贫血、消瘦、磨齿、流涎等症状，眼结膜苍白、黄染，有出血点，排少量干黑的粪便，粪便带有黏液及血液。

2. 防治

（1）治疗　发现病牛及早治疗。根据焦虫病的种类选用适当的药物。

贝尼尔又名血虫净，对牛瑟氏泰勒焦虫病每千克体重 5mg 肌内注射，连用 3 次，每次隔 24h，杀虫效果明显。对牛环行泰勒焦虫病，每千克体重 5～7mg 肌内注射，配成 6％的溶液，对轻症病例，效果良好。重症病例小剂量无效，可配成 7％的溶液分点深部肌内注射，每天 1 次，连续注射 3～4 次。水牛对本品较敏感，每千克体重 7mg，用药 1 次比较安全。

阿卡普林又名焦虫素和硫酸喹啉脲，对牛的双芽巴贝斯焦虫病有效。早期用药 1 次即显效果，必要时隔 24h 再用 1 次。肌内或皮下注射，每千克体重 1mg。本品对牛瑟氏及环行泰勒焦虫病效果较差。

咪唑苯脲又名咪唑啉卡普，对双芽巴贝斯焦虫病疗效显著。肌内或皮下注射，每千克体重 1～2mg，每天 1 次，连续注射 2～3 次。

黄色素又名锥黄素和盐酸吖啶黄，对牛双芽焦虫有一定疗效。静脉注射，每千克体重 3～4mg。注射速度要慢，以免引起反应。

同时，还可对症治疗，如强心、输血、健胃、缓泻等。如果条件不具备可请兽医诊治。

（2）预防　此病的传播必须以硬蜱为媒介，硬蜱的幼虫或成虫吸病牛血液时，焦虫随着血液进入蜱体内发育和繁殖。当这些硬蜱再到健康牛吸血液时，焦虫随着硬蜱的唾液进入牛体。主要原因是病原体（焦虫）通过璃眼蜱而传播。当带有病原体子孢子的璃眼蜱吸叮牛血时，即引起牛发病，并很快传播，因此流行很广。病牛迅速消瘦，产奶量显著降低和死亡，对生产影响严重。发病以1～2岁龄牛最多；焦虫的种类较多，蜱的种类也较多，而且随着地区的温度不同，出没时间也不同，因此发病也不一致。在6～9月易发病，呈明显的季节性。因此主要是灭蜱。蜱也叫壁虱或草爬子。要根据蜱的生活习性，采取措施。

牛体灭蜱：注意检查，对新引进的牛要隔离检查是否带蜱。发现牛体有蜱，用手摘掉并且杀死。药物灭蜱，可用螨净或者倍特或灭蜱灵等药物。在蜱活动季节，每7d处理1次。

牛舍灭蜱：有些蜱在牛舍内生活，要在它们开始活动前彻底杀灭。方法包括地面换新土，墙壁用泥抹、堵死洞口，饲槽和木架用开水烫。

环境灭蜱：定期清理圈外杂草、瓦砾，保持环境卫生，不要去蜱类多的草地放牧，并可在休闲季节烧荒，以消灭虫害。可实行牧场轮牧或用药剂灭蜱。

在环形泰勒虫流行地区可用"牛环形泰勒虫病裂殖体胶冻细胞苗"进行预防注射，接种后20d产生免疫力，免疫持续期为1年以上。此种苗对瑟氏泰勒虫病无交叉免疫保护作用。发病季节也可给牛定期注射有效药物进行预防。在发病季节，可应用贝尼尔，每千克体重3mg，配成7%的溶液深部肌内注射，每隔20d 1次，对瑟氏泰勒虫病有较好的预防效果。

二、牛螨病

螨病俗称癞，还叫疥癣病或疥疮，也有的称为"骚"，是由螨引起的一种接触传染慢性皮肤病。寄生于牛的螨有疥螨、痒螨和皮螨之分。疥螨的卵3～4d孵化，反复蜕皮，2～3周完成全部发育过程。痒螨的卵1～3d孵化，5～6d变为成螨。皮螨3周时间可完成一代的发育过程。

1. 症状 感染后的症状因病因的种类及数量的不同而异。特征表现是皮肤奇痒。病牛摩擦使皮肤受伤，或用舌舔，被舔湿的毛呈波浪状。疥螨病因先发生在头颈，逐渐蔓延到肩背及全身。病牛耳根、大腿内侧、乳房、阴囊及会阴部多发。病牛奇痒、摩擦、皮面出现小结节、水疱或痂皮、脱毛。痒螨多发生在长毛部或内股部，也可蔓延到四肢、躯干及全身。患部出现粟粒至黄豆大的结节，以后变成水疱及脓疱，破溃后流黄色渗出液并形成痂皮。皮螨主要侵害肛门、尾根部（图8-23、图8-24），有时四肢也发生。

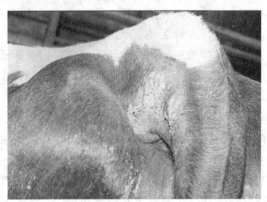

图8-23　尾根螨虫侵袭（齐长明）

2. 防制

（1）治疗　先剪去患部和附近健部的被毛，涂上软肥皂，第2天用温水洗净，刮去痂皮，干后涂药治疗。喷洒或涂抹药物：可用伊维菌素或阿维菌素类药物浇泼剂进行防治。对局部病灶可进行喷洒或涂抹。在治疗前最好先用肥皂水或煤酚皂液彻底洗刷患部，清除硬痂和污物后再用药。每千克体重50mg剂量溴氢菊酯（倍特）

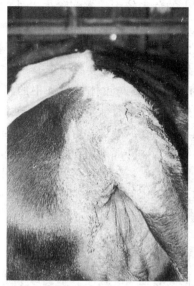

图8-24 螨虫侵袭造成的皮肤损坏（齐长明）

喷洒两次，中间间隔10d；或每千克体重750mg剂量螨净（二嗪农）水乳液喷淋两次，中间间隔7～10d，并尽量防止牛舔。治疗的同时要对牛圈、用具多次进行火焰、开水及以上药物处理。

口服或注射药物：伊维菌素或阿维菌素类药物，有效成分剂量为每千克体重0.2～0.3mg，严重的间隔7～10d重复用药1次。

（2）预防 螨病的传播方式主要是通过健康牛和病牛互相接触而感染，其次通过被疥虫污染没经杀螨处理就利用的圈舍及各种用具等而感染；或被从外地购进的未经隔离检疫的无症状带虫牛感染。因此，平时要注意清洁卫生，保持牛舍干燥，刷具固定使用。对新引入的牛要隔离检疫，发现病牛及时治疗。

三、牛肝片吸虫病

肝片吸虫病还叫肝蛭病，是由肝片吸虫引起，以急性或慢性肝炎、胆管炎为特征。病牛体膘下降，奶牛产奶量减少，有时甚至引起死亡，对牛的危害较大。本病除牛以外，羊、骆驼、猪、鹿、兔、马、犬、猫等都能感染，人也能感染。

本病的发生由于受中间宿主椎实螺的限制而有地区性，常流行于潮湿多水的地区。夏季为主要感染季节。

1. 症状　症状的轻重与虫体数量和牛的年龄、体质有关。一般不表现临床症状，严重时能引起发病。急性患病多为犊牛，精神沉郁，体温升高，食欲减退，走路蹒跚，常落在牛群之后，并有腹泻、贫血等症状，肝部压痛，犊牛严重感染时影响发育，甚至引起死亡。慢性病例，轻者早晨颌下水肿明显且下午见轻，重者可引起胸前及腹下水肿，逐渐消瘦，贫血，消化机能障碍，前胃弛缓，伴发卡他性肠炎。母牛产奶量下降，有时流产。

2. 防治

（1）治疗　可选用下列药物：

三氯苯唑：商品名也叫肝蛭净。牛：每千克体重 6～12mg；对于急性肝片吸虫病的治疗，5 周后应重复用药 1 次。本药品禁用于牛的泌乳期和 1 周内要产犊的奶牛。牛的休药期为 28d，为了扩大抗虫谱，可与左旋咪唑、甲噻吩嘧啶联合应用。

阿苯达唑：也叫丙硫咪唑、丙硫苯咪唑、抗蠕敏。一次口服剂量：牛每千克体重 10～20mg；该药剂型一般为片剂、悬浮液、瘤胃控释剂和大丸剂等。本药有致畸作用，故孕牛慎用；牛在屠宰前休药期不少于 14d，用药后 3h 的奶不得供人饮用。

（2）预防　本病的发生由于受中间宿主椎实螺的限制而有地区性，常流行于潮湿多水的地区。夏季为主要感染季节。

预防措施主要是定期驱虫、防控中间宿主和加强饲养卫生管理。驱虫后的粪便应堆积发酵以杀灭虫卵。在放牧地区，应尽可能到高燥地区放牧，动物饮水最好选用自来水、井水或流动的河水。

1）消灭椎实螺是最彻底的预防办法　在夏季实行轮牧，在某一块牧场放牧时间不要超过 1.5 个月。把平时或驱虫后的粪便收集在一起，掺以杂草堆积发酵。可填平低洼地；水面可放养鸭子，以捕食椎实螺，也可用药物灭螺。

2）在本病的流行地区，对牛群进行有计划的驱虫，每年2～3次　驱虫时间根据各地流行本病的特点确定，原则上第1次在大批虫体成熟之前20～30d进行，第2次在虫体大部分成熟时进行，经过2～2.5个月再进行第3次驱虫。

四、犊牛蛔虫病

牛蛔虫病是牛弓首蛔虫寄生在犊牛小肠内，引起的以下痢为主要特征的疾病。该病多见于南方各省，初生犊牛大量感染可引起死亡，对发展养牛业危害较大。

1. 症状　病犊贫血、消瘦、腹胀，3～4周龄哺乳犊牛腹胀尤其严重。便秘下痢交替发生，并引起腹痛。有时出现神经症状，如神态不安、肌肉痉挛。在幼虫的移行阶段，可见病犊呼吸加快、咳嗽等症状。

2. 防治

（1）治疗　可选用以下药物：

枸橼酸哌嗪（驱蛔灵）每千克体重250mg或丙硫咪唑每千克体重10mg，一次口服。

阿维菌素或伊维菌素类药物：有效成分剂量为每千克体重0.2mg，皮下注射（针剂）或口服（片剂）。用药后28d内所产牛奶，人不得食用；牛屠宰前21d停用药物。

（2）预防　本病主要发生于5个月以内的犊牛，2～4周龄的犊牛易感性最高。随着年龄的增长，易感性逐渐降低。成年牛的症状不明显。除黄牛外，水牛也可患病。

每年早春和晚秋各进行二次预防性驱虫。搞好牛舍内外的卫生工作，清除粪便，堆肥发酵，避免粪便污染草料和饮水。

五、牛皮蝇蛆病

本病由皮蝇幼虫寄生于牛的背部皮下引起，俗称"牛跳虫"

或"牛翁眼",不仅影响牛皮的质量,而且还影响其肉、乳的质量,有时还可感染人。

1. 症状 雌蝇产卵时可以引起牛的强烈不安,表现蹶踢、狂跑等,不但严重影响牛的采食、休息、抓膘,甚至引起牛摔伤、流产等。患牛表现为消瘦、生长缓慢、肉质降低、泌乳量下降。牛的背部皮肤被幼虫寄生以后,留有瘢痕和小孔,影响皮革价值,幼虫出现于牛的背部皮下时可以触诊到隆起,上有小孔,内含幼虫,用力挤压,可以挤出虫体。

2. 防治

(1) 治疗 在发病牛数不多且虫体寄生数量少的情况下,可用机械法,即用手压迫皮孔周围,将幼虫挤出,并将其杀死。由于幼虫的成熟时间不同,故每隔10d要重复操作,但需注意勿将虫体挤破,以免引起过敏反应。

本病的化学治疗多用伊维菌素和阿维菌素类药物。伊维菌素或阿维菌素:剂量为每千克体重0.2mg,皮下注射;或采用微量注射法(1%伊维菌素或阿维菌素溶液),剂量为每50kg体重1mL,一次注射。注意12月至来年3月不宜用药。一般治疗该病多在11月进行,各地要根据当地具体的流行病学资料确定。

(2) 预防 在我国的东北、西北和内蒙古感染率和感染强度都非常高。另外,在华北、西南等地区也广泛流行。同一地区,蚊蝇出现时间较牛皮蝇早,一般在4~6月,而牛皮蝇出现在6~8月。预防的关键是消灭成虫,防止其在牛体上产卵。消灭寄生于牛体的幼虫,对防治本病有极重要的作用。它可减少幼虫的危害,并防止幼虫化蛹羽化为成虫。在牛皮蝇病流行地区,每逢皮蝇活动季节,尤其是夏季应对牛舍、运动场定期用灭蝇剂喷雾。可用每千克体重1 000~1 500mg剂量的拟除虫菊酯类药物(例如溴氢菊酯)喷洒,每30d喷洒1次,可杀死产卵的雌蝇或由卵孵出的幼虫。加强灭蝇工作,保持牛体卫生,要经常刷拭牛体。

六、球虫病

球虫病是由多种球虫引起的一种肠道原虫病。卵囊随着粪便排出体外，健康牛吞食了感染性的卵囊而感染发病。临床上以出血性肠炎为其特征，又称"红痢"。牛球虫病常引起犊牛死亡，耐过的病牛，其增重和饲料转化率长时间受到影响，造成很大的经济损失。

1. 症状 牛球虫病的潜伏期为 2～3 周，犊牛一般呈急性经过，病程为 10～15d，病初精神沉郁，喜卧，食欲减退或废绝，被毛粗乱，粪便稀薄，混有黏液、血液（图 8 - 25）。病牛努责或咳嗽时，常可使稀粪喷射 2m 远。病牛后部发红，像是涂了红颜料（图 8 - 26）。约 7d 后，体温可以升至 40～41℃，症状加剧。末期所排粪便几乎全是血液，色黑，恶臭，最后多由于极度衰弱而死亡。耐过的牛转为带虫者。

图 8 - 25 球虫的血便（齐长明）

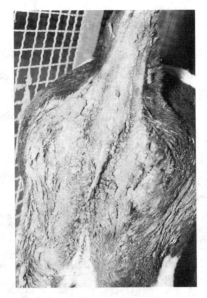

图 8 - 26　球虫血便污染后区（齐长明）

2. 防制

（1）治疗

磺胺类药物：如磺胺二甲基嘧啶、磺胺六甲氧嘧啶等，可减轻症状，抑制病情发展，剂量为每千克体重 140mg，口服，每天 2 次，连服 3d。磺胺类药物有轻度毒性反应，一般停药后即可自行恢复，用药过程中可适当增加给水量；肝肾功能不良的牛以及脱水、少尿、酸中毒和休克病牛使用应慎重。如发生严重中毒反应时，除立即停药外，可静脉注射补液剂和碳酸氢钠，并采取其他综合治疗措施。

氨丙啉：剂量为每千克体重 20～50mg，口服，连用 5～6d，可抑制球虫的繁殖和发育，并有促进牛只增重、提高饲料转化率的效果。大剂量可引起多发性神经炎，盐酸硫胺可预防毒性反应。

莫能菌素：莫能菌素是一种有良效的抗球虫药，同时也是生长促进剂，推荐量是每吨饲料中加入 16～33g。屠宰前 3d 停药。

在给予球虫药的同时，应注意对症治疗，注意结合止泻、强心和补液等措施。对有临床症状的牛应进行隔离，还应减少病牛群的密度。

（2）预防 牛的球虫病主要侵害犊牛。犊牛易感性高，且发病严重；成年牛呈隐性感染，成为带虫者。各种品种的牛都可感染，但 2 岁以内的牛发病率高。一般发生于春夏秋 3 季，尤其是多雨年份，在低洼潮湿的牧场放牧易发生。

在流行地区，应采取隔离、治疗、消毒等综合性措施。成年牛与犊牛最好分开饲养；发现病牛后应立即隔离治疗；哺乳母牛的乳房要经常擦洗；哺乳后，母牛与犊牛要及时分开。

定期用开水、3％～5％热火碱水，或 1％克辽林消毒地面、牛栏、饲槽、水槽等，一般每周 1 次。牛圈要保持干燥；粪便要及时清除，集中进行生物发酵处理；要保持饲料和饮水的清洁卫生。

药物预防可用氨丙啉，以每千克体重 5mg 混入饲料，连用 21d；莫能菌素以每千克体重 1mg 混入饲料，连用 33d。磺胺药物和金霉素的混合物对牛的球虫病也有预防作用。

七、癣病（金钱癣）

毛发和皮肤角质层受到癣状毛癣菌感染后引起皮肤损伤，从而形成所谓的金钱癣。本病多发于 2～7 月龄的犊牛，秋冬季节常见，但成年牛也常感染。

1. 症状

典型病变：具有烟灰样的表面，呈圆形，并稍稍隆起，其中有多层蓄积的鳞屑，鳞屑下组织因轻度炎性反应而发生脓肿。有些病变处有轻度的渗出，并形成黄色的痂皮，这时炎性反应更加强烈。病变处毛皮或痂皮脱落后，露出肉芽面并且出血，鳞屑和痂皮周围的毛发由于受损折断而呈茬状。

病变大小不等，直径多为3～5cm，有的尾巴上有白色痂块，严重感染时，病变会发生融合，形成大面积感染。犊牛的皮肤病多发生于眼围、耳部和背部，有的眼眶周围白色石棉状痂块呈核桃大小，而成年牛多发生于胸部和四肢，极少数情况下乳房也会发生感染。

2. 防治

（1）治疗　用0.2％的恩康唑水乳剂喷洒或冲洗治疗，按每千克体重10mg的量添加到饲料中，疗程为7～14d。治疗前最好先用刷子蘸此药水将过多的鳞屑或皮痂刷掉。此后，每隔3d用药1次，连续3～4次。

也可先用3％的来苏儿洗痂壳，再用锯条刮掉痂皮，直至刮出血为止，然后涂上10％碘酊，最后涂以硫黄软膏予以治疗。

病牛集中用肥皂水彻底洗刷全身后，用20％来苏儿刷洗患部，擦干后涂擦含阿维菌素的药物每天2次，直到彻底治愈。

对有临床症状的牛也可称取硫酸铜粉和白凡士林，按硫酸铜粉与白凡士林1∶3的比例混合制成软膏，涂抹于患牛病处，每天1次，连续用4d后，隔5d用1次。

（2）预防　牛在紧密接触时极易感染此病（如集约化饲养条件下）。癣病不会导致牛严重虚弱，但会影响动物的售价和皮革价。牛通常无痒感。

灰黄霉素：每天的剂量每千克体重7.5～60mg，连用5周，防止真菌感染。但用药后牛自身不产生免疫力，以后牛还会再度感染。

由于冬季和初春牛舍内拥挤潮湿，利于此病菌的繁殖，因此在冬季和初春可以定期用0.5％过氧乙酸，或2％的热火碱溶液对牛舍、用具、食槽和水槽等进行消毒，这些措施很有必要。

环境消毒：真菌孢子可以在圈舍，特别是木头、砖等多孔表面存活几个月或者几年，所以彻底消毒很困难。生产中可先用水冲洗，再用热洗涤剂或消毒液（如新洁尔灭）冲洗需要消毒的场所；或先用热洗涤剂或消毒剂冲洗，再用高压水管冲洗，然后用2％的甲醛溶液进行消毒，但要做好自我防护，避免皮肤、黏膜等接触药液。

第四节　奶牛常发产科病防治

一、流产

流产是指由于胎儿或母体异常而导致妊娠的生理过程发生紊乱，或它们之间的正常关系受到破坏而导致妊娠中断。它可以发生在妊娠的各个阶段，但以妊娠早期较为多见。奶牛流产的发病率在10％左右，如果发生布鲁氏菌病，则发病率更高。流产使胎儿死亡或者发育受到影响，还会危害母牛健康，从而影响牛的生产能力，因此必须重视对流产的防治。

1. 症状　流产发生突然，流产前一般没有特殊症状，或有的在流产前几天有精神倦怠，阵痛起卧，阴门流出羊水，努责等症状，排出不足月的胎儿（图8-27、图8-28）。

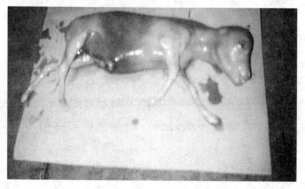

图8-27　排出不足月的胎儿（齐长明）

图8-28　流产的胎儿（齐长明）

怀孕1个月内流产一般是隐性流产，流产可能为隐性（即胎儿被吸收），不排出体外，而奶牛的隐性流产往往表现为屡配不孕或返情延迟。在40d以上的早期怀孕如果发生流产，则有时仔细观察会发现有排出胎儿和胎膜的现象。传染性疾病引起的流产，如果发生在怀孕后期，则因受侵害程度不同，胎儿多在受侵后数小时至数天排出。

2. 防治　对养牛户而言，流产一旦发生，一般就很难保住胎儿。首先要有预防与此有关的疾病的认识，了解其发病原因，更好的预防其发生。

一般除因传染性疾病引起流产以外，大多是饲养管理不当造成的。非传染性流产的原因主要有以下几点。

（1）胎儿及胎膜异常　包括胎儿畸形（图8-29）或胎儿器官发育异常，胎水过多或过少，胎盘炎，胎盘畸形或发育不全等。

（2）母牛的疾病　大失血（图8-30、图8-31）或贫血，生殖器官疾病或异常（子宫内膜炎、子宫发育不全、子宫颈炎、阴道炎、黄体产生不足）等。

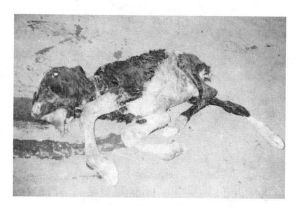

图 8-29　胎儿畸形（齐长明）

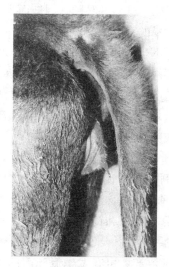

8-30　产后大出血（齐长明）

（3）饲养管理不当　母牛长期饲料不足而过度瘦弱，饲料单一而缺乏某些维生素和无机盐，饲料腐败或霉败，采食了有毒物质，大量饮用冷水或带有冰碴的水，吞食多量的雪，饲喂不定时

图 8-31　大出血后瘫痪（齐长明）

而母牛贪食过多等。

（4）机械性损伤　剧烈的跳跃，因地面光滑跌倒，抵撞，蹴踢和挤压，以及粗暴的直肠或阴道检查等。

（5）药物使用不当　使用大量的泻剂（例如硫酸镁等）、利尿剂、麻醉剂和其他可引起子宫收缩的药品（例如胃肠通等）。

（6）习惯性流产　有的母牛妊娠至一定时期就发生流产。这种习惯性流产多半是由于子宫内膜变性、硬结及瘢痕，子宫发育不全，近亲繁殖或卵巢机能障碍所引起。

为了预防流产，应该加强防疫检疫工作，避免因传染性疾病引起的流产（例如布鲁氏菌病、病毒性腹泻等）。此外，加强对怀孕母牛的饲养管理，注意预防本病的发生，如有流产发生应详细调查，分析病因和饲养管理情况，采取有针对性减少损失的措施。对胎衣不下及有其他产后疾病的牛，应及时治疗。为防止习惯性流产，可在发生流产前的 1 个月开始注射黄体酮 50～100mg。

二、孕牛截瘫

孕牛截瘫又称产前截瘫，是母牛怀孕后期后肢不能站立的一种疾病。多发于产前1个月以内的孕牛。

1. 症状　多半是逐渐发病，也有突然发生的。病初长期卧地，起立困难，站立时后躯摇晃无力，两后肢频频交换负重；运步时谨慎，步样不稳，以后终于卧地不能站立。有的突然不能站立。

2. 防治

（1）治疗　若母牛是因饲养不当、饲料不足、饲料单一引起产前截瘫的，应给予易消化的优质饲料，补足磷酸氢钙或石粉或乳酸钙。药物治疗应以10％葡萄糖酸钙溶液200～500mL，或10％氯化钙溶液100～300mL，静脉注射，为了促进钙盐的吸收，每隔5～6d，肌内注射维生素 D_3 10～15mL，以2～3次为宜。

病牛不能起立时，应多铺垫草，经常翻动牛体，按摩四肢。母牛有站立可能时，应避免滑倒，应将其抬起，可用腹带、充气垫等辅助其站立。

母牛胃肠机能紊乱、慢性消化不良时会妨碍从小肠中吸收钙，也会引起产前截瘫，所以应该治疗这些原发病。

（2）预防　怀孕母牛的饲料中应含有足够的钙、磷等矿物质，精、粗饲料要合理搭配，保证孕牛的营养需要。母牛不能过早交配，母牛怀孕后期不能营养过好，否则会导致胎儿过大，致使后躯负重过大；母牛不能长期处于光滑地面或牛床向后倾斜的狭窄圈舍。缺乏运动的要进行适当运动，必要时每天要进行至少1～2h的驱赶或牵遛运动。

三、母牛异常引起的难产

1. 阵缩及努责微弱　分娩时子宫肌及腹肌收缩力弱和时间短，以致不能排出胎儿时叫做阵缩及努责微弱。

（1）症状　母牛已到分娩期，并且有分娩前的表现，但阵缩及努责弱而短，分娩时间延长而排不出胎儿，有时分娩现象很不明显。检查阴道时母牛子宫颈完全开张，子宫颈黏液塞已软化，在子宫颈前即可摸到胎儿。继发性病例，是已出现正常分娩的阵缩及努责，但未排出胎儿，以后阵缩及努责变为微弱而出现难产。

（2）助产方法　原发性的病例，如果母牛子宫颈完全开张，则应按助产的一般方法，缓慢地拉出胎儿（图8-32）。如果欲促使其自行排出胎儿，可用子宫收缩药，肌内注射催产素注射液100IU，必须注意，只限于子宫颈口完全开张，胎势、胎向及胎位正常时使用，否则易引起子宫破裂。当用子宫收缩药无效、子宫颈开张不全和无法拉出胎儿时，应施行剖宫产术。

继发性病例，如果是发生在难产之后，即按难产的助产原则，除去原因和拉出胎儿。

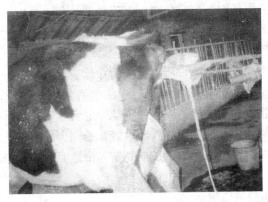

图8-32　难产助产（齐长明）

2. 阵缩及努责过强　子宫肌及腹肌收缩时间长，力量强、但间歇短的情况。

（1）症状　分娩时母牛努责强烈，有时过早排出胎水。胎儿无异常时可被迅速排出，但往往发生子宫脱。在胎势、胎向及胎位不正、胎儿过大或产道狭窄时，由于阵缩及努责过强，不仅胎儿易发生窒息，而且易造成子宫或阴道破裂。

（2）助产方法 为了减弱和制止阵缩及努责，简单的方法是缓慢把奶牛牵遛15min左右，或用指端掐其背部皮肤，可收到暂时的效果。母牛卧地时宜垫高后躯，必要时也可应用镇静剂，如口服白酒800～1 000mL。阵缩和努责减弱或停止后，如果因胎儿异常或产道狭窄造成难产的，宜进行助产。

3. 阴门及阴道狭窄 阴门或阴道的狭窄，都可妨碍胎儿正常娩出。

（1）症状

1）阴门狭窄 分娩时母牛阴门扩张不大，在强烈努责时，胎儿唇部和蹄尖出现在阴门处而不能通过，母牛外阴部被顶出，但在努责的间歇期外阴部又恢复原状。由于努责过强会引起会阴破裂。

2）阴道狭窄 母牛阵缩及努责正常，但胎儿久不露出产道。阴道检查时可发现狭窄的部位及其原因，在其前部可摸到胎儿。

（2）助产方法

1）试行拉出胎儿 首先向母牛阴门黏膜上涂布或向阴道内灌注滑润油或温肥皂液，然后用产科绳缓慢牵拉胎头及前肢。此时，助产者应尽量用手扩张母牛阴道，有肿瘤时，要用手将其推开。

2）切开狭窄部 如果试拉胎儿无效，则应切开母牛阴道狭窄部的阴道黏膜，拉出胎儿后，立即缝合。对于阴门或阴道内的较大肿瘤，如果妨碍胎儿产出时，须切除或者施行截胎术。

4. 胎儿异常引起的难产 难产通常是由于胎儿或母牛异常，造成胎儿和母牛产道不相适应，但常见的难产主要是胎儿本身异常所引起的。对这种难产的处置方法是：

（1）推进胎儿 推进是为了更好地拉出。为了便于推进胎儿，必须向母牛子宫内灌注多量的温肥皂液或石蜡油或清油，然后用手或产科梃抵在胎儿的适当部位，趁母牛不努责时，用力推回胎儿。如果母牛努责过强无法推回胎儿时，根据情况可行全身半麻醉后再做适当处理。

（2）矫正胎儿　一般情况下，主要是设法矫正胎儿异常部位。方法是在用手推进胎儿的同时，立即拉正异常部位，或者设法将产科绳套在胎儿的异常部位，在助产者推进胎儿的同时，由助手拉绳纠正它。

（3）拉出胎儿　当胎儿已成正常姿势、胎向或胎位时，或者异常部位的程度较轻时，就用手握住胎儿蹄部，必要时可用产科绳拴上，同时用手拉住胎头，随着母牛的努责把胎儿拉出来。

对于因胎儿过大、双胎难产、胎儿发育异常、畸形胎的助产，除按上述方法进行相应的助产外，如仍不能达到目的，可考虑施行截胎术或剖宫产术。

5. 产后瘫痪　产后瘫痪也称产乳热、产后风、乳热症、临床型低血钙症，主要是奶牛产后突然发生的严重缺钙的代谢障碍性疾病。本病以患牛意识和知觉丧失，四肢瘫痪，消化道麻痹，体温下降和低血钙为特征。

（1）症状

1）典型病例　多发生在产后 12～72h。病初母牛呈现短暂不安，继而精神沉郁，有的一开始精神就高度沉郁。肌肉震颤，四肢内侧出冷汗，站立不稳，口流清涎，头颈下垂，运步失调，体躯摇晃，尿闭。多数于 1～2h 就卧地而不能站立，发生头颈弯向胸腹壁的一侧，强行拉直，松手后又弯向原侧的示病症状。有的也可能侧卧于地，四肢伸直，呈现抽搐现象。不久，病牛昏迷，意识和知觉丧失，体温降低也是产后瘫痪的特有症状之一，有的病牛体温可降至 36℃或 35℃。

2）非典型病例　多发生于产前或分娩后数日以至数周。病牛轻度不安，全身无力，步行不稳。精神沉郁，食欲不振或废绝，反刍和泌乳下降或停止。病牛卧地时，颈部呈现一种不自然的姿势，即所谓"S"状弯曲。体温在正常下限或稍低。

（2）防治

1）治疗　该病应引起养牛户的重视。否则，不及时治疗，可能会导致奶牛的淘汰或死亡，进而造成很大损失。当然，预防该病更重要，这样可以"防患于未然"，要了解其发病的原因，从预防角度考虑牛的饲养，尤其是饲养高产奶牛的养牛户更应注意这一点，该病治疗要有正确的方法，需要请有经验的兽医来治疗。

本病的特效疗法是静脉注射大剂量钙制剂或乳房送风法。

①钙制剂疗法：本治疗方案应该请兽医诊断后治疗处理。静脉注射 10% 葡萄糖酸钙注射液 800～1 000mL，或 5% 葡萄糖氯化钙注射液 600～1 200mL，也可用硼葡萄糖酸钙溶液，可迅速提高病牛血钙浓度，使其恢复正常。用药量应根据病牛个体大小、病情轻重、血钙降低程度、心脏状况来选择。注射时一定要监听牛心脏，速度不可过快。注意，如果在输液过程中见到病牛排小便，则是病情好转的信号，说明牛已脱离生命危险。有的病牛在 1 次治愈后，疗效还不巩固，可能会复发。因此，通常需要在 1～2d 注射维持剂量（是突击量的 1/3～1/2）。

②乳房送风法：向母牛的 4 个乳头内打气，用常用的家用打气筒，直至打到乳房膨胀，敲打呈鼓音为止，打完气后用胶布封住乳头管口。保持 6h 以上，然后拆除胶布，最好在打气前乳头注射少量抗生素，每个乳头内 10mL，可预防感染。

2）预防

①母牛分娩后的 3d 内，只要挤够喂犊牛的奶量即可。高产奶牛饲养上采用产前低钙，产后高钙，即在干奶后期，减少豆饼和苜蓿喂量，最好增加禾本科牧草（例如苏丹草、干草的量），钙磷比例保持在 1～1.5∶1，每天钙量在 100g 以下，分娩后钙量增加到 125g 以上；产前 2 周，减少高蛋白质饲料，并补充维生素 AD_3E 粉剂或含维生素 A、维生素 D_3 饲料；或者在饲料中

添加阴离子盐，有很好地预防效果。

②临产前 1 周至产后 1 周，对曾发生过产后瘫痪、难产，年老、体弱、高产和食欲不振的牛要加强看护，经检查体温正常者，用以下方法处理。

糖钙疗法：本方案应请兽医处理。方法一：针对临产前母牛：25％葡萄糖 1 000mL，苯甲酸钠咖啡因 30mL，10％葡萄糖酸钙注射液 1 000mL，静脉注射 1～2 次。方法二：针对产后母牛，在方法一的基础上加上常规量的地塞米松（20mg）和 2％盐酸普鲁卡因 30mL，静脉注射 1～2 次。方法三：25％葡萄糖和 20％葡萄糖酸钙注射液各 500mL，一次静脉注射，隔日 1 次，共补 2～3 次。适用临产牛和产后牛。

③在预防产后瘫痪方面，按照计算的预产期，在产前 7d 用维生素 D_3 10 000IU，每天 1 次，肌内注射，直到分娩为止。

6. 产后截瘫　产后截瘫主要包括两种情况，一种的特征是母牛在产后后躯不能起立，这是由于后躯神经受损而引起的，主要见于牛；另一种是钙、磷及维生素 D 不足引起的，与孕牛产前截瘫基本相同。

（1）症状　产后截瘫和产前截瘫的症状相同，患牛全身状态基本正常，分娩后体温、呼吸、脉搏、食欲和反刍等均无明显异常，但不能站立。即使抬起病牛，病牛也不能站立，尤其表现后躯无力。针刺病牛后躯各部反应均正常。

除了"孕畜截瘫"中所述原因外，难产强行拉出胎儿，可能也会引起母牛后肢不能站立。这些情况常发生在分娩过程中，但在产后才出现临床症状。

（2）防治　产后截瘫的治疗与产前截瘫基本相同。临床实践证明，配合用针灸或电针百会、肾俞、肾棚、环中、大胯、小胯、汗沟及邪气等穴，同时穴位注射维生素 B_1 200mg，有一定疗效。一般此病发生后治疗比较麻烦而且治愈率不高。

治疗对养牛户只是了解就可以了，重要的是要知道难产时不

能强行拉出胎儿，以免导致挫伤母牛坐骨神经和闭孔神经，或者
发生骨盆韧带及荐骨的损伤；由于地面光滑母牛可能会摔倒进而
损伤韧带和神经，甚至骨折，因此要尽量预防此病发生。

7. 阴道脱出 阴道的一部分或全部脱出阴门之外，称为阴
道脱出。本病以奶牛多见，多发生于怀孕后期，以年老体弱的母
牛发病率较高。

（1）症状 阴道部分脱出时，多发生于产前。在母牛卧地
时，可见到有一鹅蛋或拳头大小的粉红色瘤状物夹在两侧阴唇之
中，或露出于阴门之外（图8-33）。母牛站立时，脱出部分多
能自行缩回。如病因未除，反复发生脱出，则脱出的阴道壁会逐
渐增大，以致病牛起立后需经过较长时间才能缩回，有的则不能
自行缩回。脱出时间过久，黏膜出现充血、水肿、干燥，甚至出
现龟裂，流出带血的液体。脱出的黏膜上常常沾有粪便、垫草和
泥土。母牛每到怀孕后期均发生此病者，叫习惯性阴道脱出。

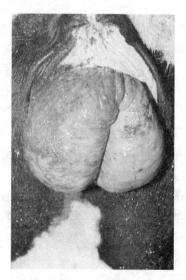

图8-33 阴道脱出阴门之外（齐长明）

阴道完全脱出时，阴道壁形成一囊状物，突出于阴门之外，完全脱出多由部分脱出发展而来。有的病牛，甚至膀胱也通过尿道外口向外翻出。病牛常表现不安、拱背、努责，时作排尿姿势。如发炎和损伤严重，又发生在产前强烈持续的努责，可能会引起直肠脱出、胎儿死亡和流产。

（2）防治

1）治疗　在临床上主要发现个体养牛户的牛发生此病较多，多因营养不良加之运动不足引发。因此应该注意牛营养的平衡，适当运动，以减少发病。发生此病要请兽医及时整复处理并且对症治疗。

①保守疗法：对母牛站起后能自行恢复的阴道部分脱出，特别是快要生产的病例，治疗时首先是防止脱出的部分继续扩大和受到损伤，这种病牛分娩后多能自愈。对病牛站起后不能自行缩回的阴道部分脱出和全部脱出，则应及时整复，并加以固定。

②手术疗法：适用于阴道完全脱出和不能自行缩回的部分脱出。整复前先使牛处于前低后高的姿势，可在牛床后部垫草袋等物以抬高牛后躯，对脱出的部分清洗消毒，切忌动作粗鲁引起损伤，对出现水肿淤血者，要事先加以处理，如有破口须用肠线缝合的，整复送回前可先戴长臂橡胶手套，用消毒纱布托起阴道，先从靠近阴户侧开始推送，直至完全整复。如母牛努责强烈，妨碍整复，则应先在其荐尾间隙硬膜外麻醉，注意对孕牛子宫颈内黏液塞的保护，以免破坏和污染。

为了防止阴道再次脱出，整复之后都应加以固定。

2）预防　对妊娠母牛加强饲养管理，舍饲牛要适当增加运动，病牛少喂容积过大的粗饲料，应给予容易消化的饲料。及时防治便秘、腹泻、瘤胃臌气等病。

8. 子宫套叠及脱出　子宫的一部分或全部翻转，脱出于阴道内或阴道外，叫做子宫脱。根据脱出程度可分为子宫套叠及完全脱出两种。通常发生于产后数小时内。

（1）症状 子宫套叠时，从外表不易发现。母牛产后不安、努责、举尾、有轻度腹痛现象。检查阴道可发现子宫角套叠不能复原时，易发生粘连和顽固性子宫内膜炎，导致母牛不孕。

完全脱出时，从阴门脱出长椭圆形的袋状物（图8-34），往往下垂到跗关节处，其末端有时分两支，有大小两个凹陷，脱出的子宫表面有鲜红色乃至紫红色的散在的疙瘩状母体胎盘。时间较久，脱出的子宫易发生淤血和水肿，受损伤及感染时可继发大出血和败血症。

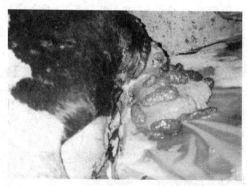

图8-34 子宫脱出（齐长明）

（2）防治

1）治疗 治疗时要及时请兽医整复还纳子宫以及对症治疗，以避免不必要的损失，尤其是在寒冷的冬季和炎热的夏季，如果处理不及时，一般患该病的牛都会被淘汰。

①子宫套叠：必须立即整复。使牛后躯处于前低后高，术者手上涂润滑油后，伸入阴道及子宫内、轻轻向前推压套叠部分，必要时将并拢的手指伸入套叠部的凹陷内，左右摇动向前推进，常可使其复原。有时用生理盐水或0.1%高锰酸钾液灌注子宫，借水的压力可使子宫角复原，但灌进的液体应及时

排出。

②完全脱出：宜垫高病牛后躯，用0.1％高锰酸钾液洗净脱出子宫，并用2％明矾水洗涤和浸泡，然后涂上碘甘油，子宫黏膜有创口时应缝合。

整复时由助手用大毛巾或塑料布将子宫托至与阴门同高。术者用纱布包住拳头或戴一次性橡胶长臂手套，顶住子宫角的末端，趁母牛不努责时，小心向阴道内推送。也可从子宫角基部开始，用两手从阴门两侧一部分一部分地向阴道内推送，在换手时，助手应压住已推入的部分，当子宫已送入阴道后，必须用手将它推到腹腔，使之复位，如果母牛努责强烈影响整复，须行荐尾间隙硬膜外麻醉或全身浅麻醉，整复后向子宫内投入抗生素，肌内注射促进子宫收缩的药物，如催产素等，同时对症治疗，强心补液。

整复后将母牛系于前低后高的地面上，注意看护。如母牛仍有努责，为了防止子宫重新脱出，可在阴门上角至中部做2～3个圆枕缝合，或在阴门周围行袋口缝合。2～3d后母牛不努责时，便可拆线。

脱出子宫发生破裂、大面积损伤或发生坏死时，为了挽救母牛生命，可施行子宫截除术。

2）预防　由于孕牛饲养不当、运动不足、瘦弱，经产老龄母牛，以及胎儿过大、胎水过多等均可发生本病，因此要让牛适当运动，并为其提供合理的营养，临产前和产后对瘦弱和经产老龄母牛要补糖补钙。

助产时产道干燥而迅速拉出胎儿，或胎衣不下时胎衣上坠以重物或翻拉胎衣，或子宫弛缓时努责过强，都易发生本病。所以助产时要进行产道润滑，并且按照助产原则进行操作，妥善处理胎衣不下。

9. 子宫复旧不全　母牛分娩后，子宫恢复至未孕状态的时间延长，即为子宫复旧不全或子宫弛缓。

（1）症状　一般恶露在产后 15～20d 已排干净，但产后恶露排出时间延长，常继发慢性子宫内膜炎。因此，产后母牛第 1 次发情的时间也延长，开始发情时，配种不易受孕。病牛全身状况一般无异常，有时体温略升高，精神不振，食欲及奶量稍减。阴道检查可见子宫颈弛缓、开张。有的在产后 7d 仍能伸入整个手掌，产后 14d 还能通过 1～2 指。直肠检查子宫体积较产后期的要大，子宫下垂，壁厚而软，收缩反应微弱；若子宫腔内留存有大量液体，触诊有波动感；有的还可摸到未完全萎缩的母体子叶。

（2）防治

1）治疗　应增强子宫收缩，促使恶露排出，防止发生慢性子宫内膜炎。可肌内注射催产素、雌激素，促进子宫收缩，然后用 40～42℃ 10％盐水冲洗子宫，可以增强子宫收缩。冲洗液量应根据子宫大小来确定，不可过多，反复冲洗 2～3 次后，尽量导出冲洗液后灌入抗生素。

2）预防　凡能引起阵缩微弱的各种原因，均可导致子宫复旧弛缓，如年老、体弱、肥胖、运动不足、胎儿过大、胎水过多、多胎怀孕、难产时间过长等。因此，应保证母牛适当的运动，合理的营养，合理的助产。胎衣不下及产后子宫内膜炎常继发本病，因此要预防胎衣不下及产后子宫内膜炎的发生。

10. 胎衣不下　母牛分娩后，经过 12h 仍排不出胎衣，即为胎衣不下或胎衣滞留（图 8 - 35）。正常情况下，奶牛排出胎衣的时间一般不超过 4～6h，水牛 4～5h，黄牛 3～5h。饲养管理水平不同，胎衣不下的发病率也不同，我国奶牛的发病率为 12％～30％。一般奶牛产后 6～8h 以后胎衣不下，大部分就很难全部脱落。由于胎衣不下易引起子宫内膜炎，影响繁殖率，故给奶牛生产造成一定经济损失，应引起重视。

（1）症状　胎衣不下分为部分不下及全部不下。

1）胎衣部分不下　一部分或个别胎儿胎盘留在母体胎盘上，或是胎衣在排出过程中断离，而一部分残留在子宫内。开始时，如不仔细检查排出的胎衣，往往不易察觉。但几天后，腐败的胎衣和恶露一同排出来，排出时间超过正常的产后期。大多数胎衣部分不下的病例并发黏液脓性子宫内膜炎。

2）胎衣全部不下　大部分胎膜及子叶仍与子宫腺窝紧密连接，一部分胎衣呈带状悬垂于阴门外（图8-36、图8-

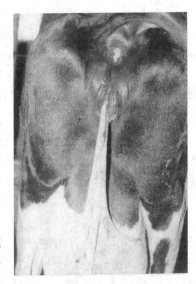

图8-35　胎衣不下

37），严重子宫弛缓时，全部胎膜可能都滞留在子宫内，有时悬垂于阴门外的胎衣可能断离。在这些情况下，只有进行阴道检查，才能发现子宫内还有胎衣。

图8-36　很少部分胎衣垂于阴门外

图8-37　部分胎衣呈带状悬垂于阴门外

（2）防治

1）治疗　此病是养牛业中的常见病，有些养牛户会在胎衣上绑个砖头或其他重物，希望牛借助重力作用使胎衣脱落，但是此种做法很容易勒伤阴道，甚至压迫尿道口，进而影响奶牛排尿。在不具备手术的条件下，建议不要进行胎衣剥离操作。只需要在产后第2天请兽医在子宫内放药物，同时在以后的2周内密切观察奶牛并且测量体温，必要时请兽医对症治疗就可以了。切记发生此病后一般会继发奶牛的子宫内膜炎，重点治疗时间是产后的20～30d，因为继发子宫内膜炎会影响配种怀孕。当然此病的预防更重要。

产后10h胎衣不下即可处理，夏季可在产后7h处理，其治疗原则是抑菌、消炎，促使胎衣排出。

①促进子宫收缩。肌内注射催产素（缩宫素）100IU，在产后 6～12h 注射。

②20％葡萄糖酸钙注射液与 25％葡萄糖各 500mL，氢化可的松 125～150mg，静脉注射。

③子宫内注入 10％高渗盐水 1 000mL 促进子宫收缩。土霉素 2g，溶于生理盐水 250mL 中，一次灌入子宫，隔天 1 次，常于 5～7d 后胎衣自行分解脱落。

④中药疗法：红花四物汤：熟地 50g，当归 50g，川芎 25g，桃仁 40g，红花 30g，共为末，一次灌服。

参灵汤：黄芪 30g，党参 30g，蒲黄 30g，五灵脂 30g，当归 60g，川芎 30g，益母草 40g，煎服。

2）预防

①供应平衡日粮，适当运动，充分的光照。

②加强兽医消毒卫生，让临产牛自然分娩，避免各种应激，助产应严格消毒，凡有流产发生，应查明原因。

③采取如下措施：

补糖补钙：对高产、老龄、有胎衣不下病史的母牛产前 3～5d，20％葡萄糖酸钙注射液与 25％葡萄糖各 500mL，静脉注射，隔日一次。

产后肌内注射催产素 100IU，产后 6h 内使用，与雌激素共用有协同作用。

肌内注射亚硒酸钠维生素 E，预产前 15d、30d，可使用亚硒酸钠 10mg，维生素 E 5 000IU，一次肌内注射。产前 7d 肌内注射维生素 AD 100mL（维生素 A5 万 IU、维生素 D_2 5000IU），每天 1 次，直到分娩。

产前 2h 静脉注射 10％葡萄糖酸钙 500mL 可促使胎衣脱落。

分娩破水时，可接取羊水 300～500mL，于分娩后立即给母牛灌服，可促使子宫收缩，加快胎衣排出。

皮下注射初乳（胶奶）50mL。

以上根据条件可以选用。

11. 乳房水肿（乳房浮肿）　乳房浮肿是乳腺皮下和间质组织液过量蓄积形成的乳房浆液性水肿，可导致乳房下垂，产奶量降低，并诱发乳房皮肤病和乳房炎，重者可永久损伤乳房悬韧带和组织。此病主要是奶牛发生的多，尤其第一胎及高产奶牛发病较多。

（1）症状　一般是整个乳房的皮下及间质发生水肿，以乳房下半部较为明显（图8-38）。也有水肿局限于两个乳区或一个乳区的。皮肤发红光亮，无热无痛，指压留痕，形如在生面团上指压所留痕迹。严重的水肿可波及乳房基底前缘、下腹、胸下、四肢和阴门。

图8-38　几乎整个乳房下部明显水肿

（2）防治

1）治疗　没有特效疗法，病程长和严重的病例需用药物治疗，主要是强心利尿。利尿用速尿（呋塞米）肌内注射500mg，强心用10％安钠咖注射液20～30mL。

2）预防　要注意此病的发生尤其容易在头胎牛出现。在寒冷的冬季，如果牛发生乳房浮肿，应该让牛晚上在牛舍中过夜。要注意天气预报，比较冷时要让牛进牛圈，并且牛床或躺卧的地方要有垫草等物。因为寒冷会使牛的乳头末梢冻伤，加之要热敷按摩挤奶，就很容易导致表皮脱落引发细菌感染。而此时的细菌往往是严重的致病菌，例如，金黄色葡萄球菌、大肠杆菌等，而且容易混合感染，如果不注意就容易导致败血症，而治疗败血症的成功率不高，最终可能导致牛只淘汰。可见做好牛的日常管理工作很重要。

产前乳房出现的肿胀一般在产后 7～10d 逐渐消肿，不需治疗。可以适当增加牛的运动，每天按摩 3 次乳房，用温水擦洗，减少精料和多汁饲料，适量减少饮水等。对于初产牛，产前 3 周可以适当减少食盐的摄入量，都有助于水肿的消退。

12. 乳房炎　本病主要是由于病原菌侵入乳房而引起的。母牛饲养管理不当，挤奶方法不对，乳头皮肤及其黏膜损伤，挤奶时不注意清洁卫生，机器挤奶的没有按照挤奶操作规程进行操作，母牛生殖道患病，渗出物污染乳头等，均可引起发病。尤其是产后母牛在寒冷、不良的饲养管理等因素作用下，不仅容易发生乳房炎，而且容易患其他疾病。

（1）症状

临床型乳房炎：有红、肿、热、痛、机能障碍的炎症的共同症状。乳房的机能障碍突出地表现为乳汁量及质的变化；通常患侧乳房肿胀、坚硬、增温，用手触摸有痛感（图 8-39），乳汁稀薄，含有絮状物、凝块或脓汁（图 8-40、图 8-41）；热痛消失，体积缩小变硬，乳头基部常形成结节，产奶量减少，最后仅能挤出少量乳汁或完全停奶，造成乳头损坏，俗称"瞎乳头"。有的急性乳房炎患部呈紫红色（图 8-42）并挤出血色乳汁（图 8-43），死前可排除少量胶冻状稀便（图 8-44）。一般不严重的乳房炎无全身症状，但严重时患牛有时出现精神沉郁、食欲减退、体温升高等全身症状，患侧后肢步态异常。

　　隐性乳房炎：没有临床症状，但产奶量逐渐降低也不易被觉察，往往会因此感染其他牛。

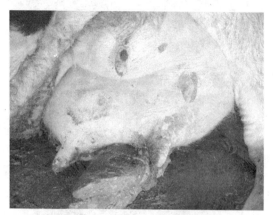

图 8-39　右前乳腺区红肿

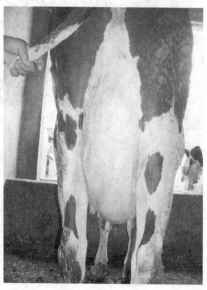

图 8-40　右后乳区大面积硬肿，并排出水样含絮状物的乳汁

图 8-41　乳汁呈水样内含多量絮状物

图 8-42　患区呈紫红色，挤出血色乳汁

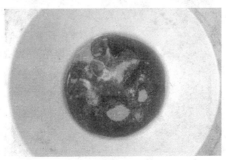

图 8-43　挤出血色乳汁

图 8 - 44 死前 24h 排出的胶冻状稀便

（2）防治

1）治疗 乳房炎治疗越早效果越好。在饲养上，应适当限制精料和饮水量，并可能地把患牛关放在清洁、干燥、温暖的厩舍内，保持安静。

①干奶期的治疗：对于患临床型乳房炎的牛，应在停奶前先进行治疗，消除症状，然后停奶，停奶后要随时检查乳房情况，直到乳房完全空瘪。如果停奶后不久有乳区发生临床型感染，应该恢复挤奶并进行治疗，治愈后停奶，再进行干奶期治疗。在停奶后的 3 周内，采用长效抗生素灌注乳房，进行乳头内注射。最好选一次性干奶针，一支注射器所装的药物刚够 1 个乳区，处理 1 头牛要 4 支。因此，在每次抽取药物前瓶塞都要用酒精消毒，不允许将未使用完的药物从注射器内返还到瓶中，也不能将两瓶未使用完的药物折合到 1 个瓶内。

治疗干奶牛的两种方案：

第一种方案：对所有进入干奶期的牛逐个进行治疗。这种方法简单易行，无须送样检测，能够治疗牛群中每头牛的每个乳区。

第二种方案：选择性治疗，只处理体细胞含量高（可用隐性乳房炎诊断试剂进行诊断操作）的牛和乳区。它可以缩小治疗范围，节省人力和开支。

采用哪一种方案可根据本地的具体情况，一般在下列情况下可选用第 1 种：奶罐混合样的体细胞数高于 50 万个；每百头泌乳牛当中，在 3d 之内出现 4 头以上临床性乳房炎；乳区感染率大于 15%；在全群中，每头牛体细胞数的平均值大于 25 万个。

以下情况可选第 2 种方案：在泌乳盛期，体细胞数高于 25 万个；泌乳期内发生过临床型乳房炎的牛；在奶样中检测出引发乳房炎的主要病原菌。

②其他治疗方法：挤乳及按摩疗法。为了及时从患侧乳区排除炎性渗出物，降低乳腺内的紧张性，每经 2～3h 挤乳 1 次，夜间 5～6h 1 次。每次挤乳时，按摩乳房 15～20min。

冷敷、热敷及涂擦刺激剂。为了制止炎性渗出，在炎症初期需冷敷，2～3d 后可热敷或红外线照射等，以促进渗出物吸收。涂擦樟脑醅、樟脑软膏或常醋调制的复方醋酸铅散等药物，以促进渗出物吸收，消散炎症。

乳头注射药液。注入抗生素对各种类型的急性乳房炎都有较好的疗效。通常用青霉素 160 万 U 和链霉素 100 万 U 或土霉素 200 万 U，溶解后用注射器借乳导管或通乳针通过乳头管注入，然后按摩乳头基部和乳房，每天 2 次，连续 2～4d。

对于严重的乳房炎可向乳房内注入防腐消毒药，如 0.02% 利凡诺、0.1% 高锰酸钾等药液。每天 1～2 次，注入 2～3h 后轻轻挤出。

抗生素疗法。临床上肌内注射或静脉注射抗生素类药物，要注意药物注射后的弃奶期。

中药疗法。常用方剂有：

金蒲汤：金银花 80g，蒲公英 90g，连翘 30g，紫花地丁 80g，陈皮 40g，青皮 40g，甘草 30g，白酒为引，水煎去渣，取汁内服，每天 1 剂。

公英地丁汤：蒲公英 150g，地丁 150g，金银花 80g，连翘

70g，乳香 50g，没药 50g，青皮 50g，当归 50g，川芎 30g，通草 40g，红花 40g，水煎灌汤。

也可根据情况用以下方剂：

热毒壅盛型：乳房肿大，乳汁变淡，有血、脓等，消肿止痛，通经解毒为主。

内服瓜蒌牛黄汤加减。方剂：瓜蒌 60g，花粉、连翘、金银花各 30g，黄芩、陈皮、生栀子、柴胡各 25g，甘草、青皮各 15g，水调灌服。

成脓期：肿胀、乳汁成脓，穿刺排脓内服加减透脓散。方剂：生黄芪 60g，炮甲珠 30g，川芎 30g，当归 45g，皂角刺 30g，加白酒 100mL，研末水煎灌服。

气血淤滞型：乳房内有大小不等的硬块，乳汁不畅，触之微热或不热。初期，内服逍遥散。逍遥散：柴胡 45g，当归 45g，白芍 45g，白术 45g，茯苓 45g，炙甘草 20g，煨生姜 15g，薄荷 10g，水煎服或为末，开水冲调，候温灌服。

2）预防　发现以上临床症状，或有时交售到奶站（乳品厂）的奶细菌超标拒绝收购的，要考虑乳房炎问题。乳房炎应以预防为主。

针对产奶牛而言，乳房炎的发生与环境、饲养管理、挤奶设备的正确使用与保养、挤奶程序等因素密切相关，不正确的挤奶程序是引起感染的主要因素。

①许多牛场在挤奶前挤奶员用一条毛巾擦洗所有牛的乳房，这给乳房炎的传染提供了一个最为有利的条件。因此应执行正确的挤奶程序：废弃最初的 1~2 把奶，擦洗按摩刺激乳房，用干净毛巾擦干乳头，注意一头牛一条毛巾，毛巾用后清洗消毒，手工挤奶则应尽量缩短挤奶时间，机器或手工挤奶后进行乳头药浴。

②控制环境污染，给牛提供一个舒适、干净的环境。牛舍牛栏潮湿、脏污的环境有利于细菌繁殖。因此，牛舍应及时清扫，

运动场应有排水条件，保持干燥。

③牛栏大小设计要合理，牛床设计应尽量考虑牛卧床时的舒适性，牛床应铺上垫草，或者沙子、锯末，有条件的可铺橡胶垫等材料，以保持松软。坚硬的牛床易损伤乳房，引起感染。

④缺乏硒、维生素 A 和维生素 E 会增加临床性乳房炎的发病率，在配制高产奶牛日粮时，应特别注意。

⑤如果是机器挤奶，则应注意正确使用挤奶器，并观察挤奶器是否正常工作。机器运转不正常，会使放乳不完全或损害乳房。因而对挤奶系统的所有零部件、橡胶制品应进行定期维修与保养，对老化、损坏的零部件要及时更换使其保持正常的工作状态。

⑥干奶、分娩前两周的预防：在干奶后立即注射干奶针，在干奶处理后的前两周和预产期的前两周每天至少乳头药浴1 次。

13. 酒精阳性乳　酒精阳性乳是指新挤出的牛奶在 20℃下与等量的 70% 的（68%～72%）酒精混合，轻轻摇晃，产生细微颗粒或絮状凝块乳的总称。产生细微颗粒或絮状凝块的程度，基本可以反映乳中酸度的高低。牛奶在收藏、运输等过程中，由于微生物迅速繁殖，乳糖分解为乳酸，致使牛奶酸度升高，混合酒精后出现凝块，这种奶加热会凝固，实质是发酵变质奶。混合后仅有细微颗粒出现的奶加热后虽不凝固，但奶的稳定性差，质量低于正常乳，同样是不合格乳。

（1）症状　酒精阳性乳病牛精神、食欲正常，乳房乳汁无肉眼可见的变化。检出阳性持续时间有短（3～5d）有长（7～10d），后自行转为阴性。有的可持续 1～3 个月，或者反复出现。

正常乳中酪蛋白与大部分 Ca^{2+}、P^{3-} 结合、吸附，一部分呈可溶性。酒精阳性乳中 Ca^{2+}、Mg^{2+}、Cl^- 离子含量高于正常乳，乳中酪蛋白与 Ca^{2+}、P^{3-} 结合较弱，胶体疏松，颗粒较大，对酒精的稳定性较差。遇到 70% 酒精时，蛋白质水分丧失，蛋白颗

粒与 Ca^{2+} 相结合而发生凝集。

酒精阳性乳中 Na^+ 和 pH 都比隐性乳房炎乳低，部分乳汁呈酒精阳性反应的病牛患隐性乳房炎。低酸度酒精阳性乳品质较差，但不是乳房炎乳，可以适当利用。

（2）防治

1）治疗 原则是调节机体全身代谢，解毒保肝，改善乳腺机能。

①内服柠檬酸钠 150g，连服 7d；磷酸二氢钠 40～70g，每天 1 次，连服 7～10d；丙酸钠 150g，每天 1 次，连服 7～10d。②静脉注射 10％氯化钠 500mL，5％碳酸氢钠 500mL，5％～10％的葡萄糖 500mL。③挤奶后给乳房注入 0.1％的柠檬酸液 50mL，每天 1～2 次；或者注入 1％苏打液 50mL，每天 2～3 次；内服碘化钾 8～10g，每天 1 次，连服 3～5d。

2）预防 饲料中应该按照要求补饲食盐。如果日粮中可消化粗蛋白质过多，或饲料单一，仅喂青草和混合料，饲料中缺钙都可引起酒精阳性乳。因此，应给奶牛供应平衡日粮，合理搭配饲料，使泌乳各阶段精粗比例合理，饲料要多样化，尽量保证维生素、矿物质和食盐等的供应，添加微量元素或应用添砖。做好饲草料的储存保管工作，避免饲喂发霉变质饲料。注意做好保温和防暑工作，尤其注意在气温骤降、忽冷忽热，或高温高湿、低气压的天气条件下，圈舍要及时通风换气，减少牛的应激反应。

第五节　奶牛常发中毒病防治

一、有机磷农药中毒

有机磷农药是农业上常用的杀虫剂之一，也是引起牛中毒的主要原因。引起牛中毒的有机磷农药，主要有甲拌磷（3911）、对硫磷（1605）、内吸磷（1059）、乐果、敌百虫、马拉硫磷

(4049) 和乙硫磷 (1240) 等。

1. 症状 病牛有接触有机磷农药史。病初精神兴奋，狂躁不安，以后沉郁或昏睡（图 8 - 45）。瞳孔缩小，肌肉震颤，胸前、肘后、阴囊周围及会阴部出汗，甚至全身出汗，呼吸困难。流涎，口吐白沫。腹痛不安，肠音增强，粪便往往带血（图 8 - 46），并逐渐变稀，甚至腹泻（图 8 - 47）。

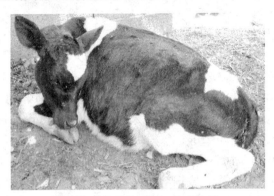

图 8 - 45 精神沉郁，卧地弯颈

图 8 - 46 初期粪便带血

图 8－47　粪便稀薄带血

严重病例，心跳疾速，脉搏细弱，不感于手。往往伴发肺水肿，有的窒息而死。此病有口流涎液，腹泻，神经症状，骨骼肌兴奋、痉挛、肌肉震颤、抽搐直至麻痹的变化过程。解剖：牛体表和胃肠内容物有蒜臭味，肺水肿、支气管腔积有黏液。

2. 防治

（1）治疗　立即应用特效解毒药。如用解磷定、氯磷定，其用法为每千克体重 20～50mg，溶于葡萄糖溶液或生理盐水100mL，缓慢静脉注射，以后每隔 2～3h 注射 1 次，剂量减半，根据症状缓解情况，可在 48h 内重复注射。或用双解磷、双复磷，其用量为解磷定的一半，用法相同。用硫酸阿托品治疗剂量为 10～50mg，皮下注射或肌内注射，中毒严重的可用其 1/3 量混于糖盐水内缓慢静脉注射，2/3 量皮下注射或肌内注射，经 1h后症状不见减轻的，可减量重复应用，直到病牛出现口腔干燥、停止出汗、瞳孔散大、心跳加快为止。以后再每隔 3～4h 减量注射 1 次，直到痊愈为止。

在应用特效解毒剂时，最好是解磷定（氯磷定、双解磷或双复磷）与阿托品合用。为除去尚未吸收的毒物，经皮肤沾染中毒的，可用 5％石灰水、0.5％氢氧化钠液或肥皂水洗刷皮肤；经消化道中毒的，可用 2％～3％碳酸氢钠液或食盐水洗胃，并灌服活性炭。解毒的同时，根据病情对症治疗。

（2）预防　有机磷农药中毒主要是牛误食喷洒有机磷农药的青草、庄稼或种子，饮用被有机磷农药污染的饮水，误用配制农药的容器当作饲槽或水桶，滥用农药驱虫等。因此，首先要健全农药的保管使用制度；用农药处理过的种子和配好的溶液，不得随便乱放；配制及喷洒农药的器具要妥善保管，喷洒农药最好在早晚无风时进行；喷洒过农药的地方，应插上"有毒"的标记，1个月内禁止放牧或割草；不滥用农药杀灭牛体表寄生虫。

二、硝酸盐与亚硝酸盐中毒（饱潲病）

硝酸盐与亚硝酸盐中毒是牛摄入过量含有亚硝酸盐的植物和饮水，引起的以皮肤、黏膜发绀、呼吸困难、血液暗褐色和神经紊乱为特征的一种中毒性疾病。

1. 症状　硝酸盐中毒后，病牛主要表现为流涎、腹痛、腹泻。亚硝酸盐中毒后，病牛则表现为呼吸困难、气喘、呼吸加快、肌肉震颤、步态蹒跚、皮肤和可视黏膜发绀（青紫色）、心搏增数、心跳微弱，体温正常或略降低，临死前发生阵发性惊厥，蹦跳倒地而亡。

通常在大量采食后5h左右突然发病。病牛流涎，呕吐，腹痛，腹泻。可视黏膜发绀（紫红色），呼吸高度困难。心跳疾速，血液呈咖啡色或酱油色，凝固不全。耳、鼻、四肢以至全身发凉，体温低下，站立不稳，行走摇晃，肌肉震颤。严重者很快昏迷倒地，痉挛窒息而死。

2. 防治

（1）治疗　立即应用特效解毒剂美蓝或甲苯胺蓝，同时应用维生素C和高渗葡萄糖。1%美蓝液（美蓝1g，纯酒精10mL，生理盐水90mL），每千克体重0.1~0.2mL，静脉注射；5%维生素C液60~100mL，50%葡萄糖液300~500mL，静脉注射。

甲苯胺蓝的标准用量：每千克体重5mg，加入5％葡萄糖生理盐水溶液中静脉注射。此外，向瘤胃内投入抗生素和大量饮水，阻止细菌对硝酸盐的还原作用。

（2）预防　各种青菜和青草都能引起牛硝酸盐和亚硝酸盐中毒，因此不要长时间堆放青绿饲料，以防止变质，应做到新鲜青绿饲料现切现喂。防止突然过食富含硝酸盐的青绿饲料；腌菜或菜卤也会引起亚硝酸盐中毒，当饮水和饲料中含有多量硝酸盐时，应在饲料中增加碳水化合物，例如谷物（水稻、玉米）、青贮玉米和块根块茎瓜果类饲料（胡萝卜、饲用甜菜）等。

三、氢氰酸中毒

氢氰酸中毒是指牛长期或者大量摄入某些青苗、油菜子饼粕等引起的以急性胃肠炎、肺气肿、肺水肿、肾炎和甲状腺肿大为特征的中毒病。

1. 症状　有采食富含氰甙类植物史。突然发病，通常在采食过程中或采食后0.5h左右出现症状。病牛站立不稳，呻吟苦闷，表现不安，流涎，呕吐。可视黏膜潮红，血液鲜红，呼吸极度困难，抬头伸颈，张口喘息，呼出气有苦杏仁味。肌肉痉挛，全身或局部出汗，体温正常或低下。以后则精神沉郁，全身衰弱无力，卧地不起。瞳孔散大，眼球震颤，皮肤感觉减退，脉搏细数无力，全身抽搐，很快因窒息而死。闪电型病程，一般不超过2h，最快者3～5min死亡。

2. 防治

（1）治疗　立即应用特效解毒剂亚硝酸钠、美蓝或硫代硫酸钠解救。1％亚硝酸钠液，1％美蓝液和10％硫代硫酸钠液，剂量均为每千克体重1mL，静脉注射。在抢救氢氰酸中毒病牛时，最好先给病牛静脉注射1％亚硝酸钠液，经2～3min后再静脉注射10％硫代硫酸钠液。如无亚硝酸钠，可用美蓝液代替。为阻止胃肠内氢氰酸的吸收，可内服或向病牛瘤胃内注入硫代硫酸钠30g。也可用0.1％高锰酸钾液洗胃。

（2）预防　该病主要见于牛采食高粱幼苗、玉米幼苗、木薯、蚕豆、三叶草等植物，因其均含有较多的氢氰酸的衍生物氰甙配糖体而引起中毒。有时牛误食氰化钾、氰化钠等，也可引起氰化物中毒。因此，禁用高粱幼苗和玉米幼苗（特别是再生幼苗）等富含氰甙类植物喂牛。如用亚麻子饼作饲料时，必须彻底煮沸，且喂量不宜过多，同时搭配其他饲料。防止误食氰化物农药。内服桃仁、李仁、杏仁等含氰甙类中药时，剂量不宜过大。

四、棉子与棉子饼粕中毒

棉子与棉子饼粕中毒是指奶牛长期或大量摄入含游离棉酚的棉子或棉子饼粕引起的以出血性胃肠炎、全身水肿、血红蛋白尿和实质器官变性为特征的一种中毒病。主要见于犊牛。

1. 症状　有饲喂棉子饼史。病牛精神沉郁，食欲减退或废绝（图8-48）。反刍减少或停止，前胃弛缓，肠音增强，发生腹泻，牛表现为出血性胃肠炎，粪中混有黏液和血液（图8-49、图8-50）。结膜潮红甚至发绀，巩膜黄染充血（图8-51）。体温不高，脉搏增数，呼吸加快。排尿频数，往往带痛，排血尿或血红蛋白尿。下颌间隙、颈部、胸腹下及四肢常出现水肿，有的病牛口、鼻出血。

病情若进一步发展，病牛角膜可受到损害进而造成视觉障碍，甚至失明，站立不稳，行走摇晃，或倒地痉挛。心跳加快，脉搏细弱，不感于手。呼吸极度困难，两侧鼻孔流出黄白色或淡红色细小泡沫样鼻液。胸部听诊有广泛性湿啰音。最终心力衰竭而死。

母牛不孕、孕牛流产、产弱胎、死胎，牛多伴有视力障碍和夜盲症，眼球上起一层灰白色的雾翳。犊牛生长发育不良或者瞎眼（类似于维生素A缺乏症）。

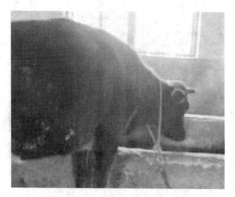

图8-48　精神沉郁，食欲减退

图8-49　粪便稀薄，混有黏液和血液

图8-50　腹泻，粪中混有多量血液

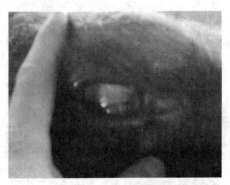

图 8-51　巩膜充血黄染

2. 防治

（1）治疗　立即停喂棉子饼，禁饲 2～3d，然后喂给青绿多汁饲料，并让牛充分饮水。在中毒初期排出胃肠内毒物，可用 0.05％～0.1％高锰酸钾液、或 3％～5％碳酸氢钠液 3～5kg 反复洗胃，然后灌服油类泻剂，可皮下注射毛果芸香碱 0.2～0.3g。清理胃肠后，可用磺胺脒 30～40g，鞣酸蛋白 25g，活性炭 100g，加水 500～1 000mL，一次灌服，以利消炎。保肝解毒、强心补液、利尿和制止渗出，可用 50％葡萄糖液 300～500mL，20％安钠咖液 10～20mL，10％氯化钙液 100～200mL，一次静脉注射，每天 1～2 次。解毒、止血，补充维生素 A，硫酸亚铁，牛 7～10g，灌服。维生素 K，注射液 100～300mg，肌内注射。

（2）预防　不能长期饲喂棉子、棉饼、棉叶。在榨油时，大部分棉酚被蛋白质、氨基酸等物质结合，成为结合棉酚，它不溶于油质中，不能被消化吸收，被认为是无毒的。而在榨油时，没有被蛋白质、氨基酸等物质结合的棉酚就是游离棉酚。它容易被消化吸收具有毒性。当饲料中缺乏维生素、矿物质、蛋白质、青绿饲料，长期劳役过度，可促进牛棉酚中毒。

因此，预防棉子饼中毒，首先要限量、限期饲喂棉子饼，防止一次过食或长期饲喂。奶牛饲料必须多样化，搭配优质干草和维生素 A。用棉子饼作饲料时，要加温到 80～85℃并保持 3～4h 以上，弃去上面的漂浮物，冷却后再饲喂。也可将棉子饼用 1% 氢氧化钙溶液或 2%熟石灰水或 0.1%硫酸亚铁浸泡一昼夜，脱毒率可达 81.8%～100%，然后用清水洗后再喂。硫酸亚铁与游离棉酚按 1∶1 的饲料饲喂，必须注意铁盐与棉子饼要充分混合均匀。棉子饼饲喂量：不超过精料量的 8%，而且连续饲喂 15d，应停 15d，以防止蓄积中毒，并搭配豆科干草或其他优质牧草，必要时补充适量的维生素 A 和钙剂，犊牛和妊娠母牛最好不要饲喂。霉败变质的棉子饼不能用作饲料。使用棉子饼粕时可以加脱毒剂或直接购买脱酚棉子蛋白使用。

五、马铃薯中毒

马铃薯（土豆）中毒是奶牛采食富含龙葵素的马铃薯引起的中毒。

1. 症状　轻症中毒，病牛流涎、呕吐、腹胀、腹痛、腹泻、便血，口唇周围、肛门、阴道、乳房、四肢、尾根等部皮肤发生湿疹或水疱性皮炎。重症中毒，病牛兴奋不安，向前冲撞，继而沉郁，后躯无力，运动失调，体躯摇晃，步态不稳，四肢麻痹。黏膜发红，呼吸无力，心力衰竭，很快死亡。

2. 防治

（1）治疗　立即停喂马铃薯，更换优质饲料。排出胃肠内容物，可用 0.05%～0.1%高锰酸钾液或 0.5%鞣酸液洗胃，然后灌服盐类或油类泻剂。保肝解毒、强心利尿，可应用高渗糖、强心剂、利尿剂。病牛兴奋不安时，应用镇静剂。

（2）预防　马铃薯的外皮、幼芽及嫩绿茎叶中含有马铃薯素（龙葵素），牛如果大量采食，即可引起中毒。此外，马铃薯的茎叶中还含有 4.7%的硝酸盐，如处理不当，还能引起亚硝酸盐中毒。

要预防马铃薯中毒应做到不用发芽、腐烂的马铃薯喂牛。如果饲喂,必须把胎芽或腐烂部分削去洗净,煮后与其他饲料搭配饲喂。即使成熟完好的马铃薯,喂量也不可过多。禁止用煮马铃薯的废水饮牛。

六、尿素中毒

尿素是农业上广泛使用的化肥,是一种非蛋白含氮物,1kg含氮量为42%～46%,其含氮量相当于7～8kg豆饼,或相当于26～28kg谷物饲料中的蛋白质。因此,尿素常用作牛的饲料添加剂。

1. 症状 牛过量采食尿素后20～60min即可发病。病初表现不安,呻吟,流涎,肌肉震颤,体躯摇晃,步态不稳。继而反复痉挛,强直性痉挛,呼吸困难,脉搏增速(100次/min以上),从鼻腔和口腔流出泡沫样液体。呼吸极度困难,后期全身痉挛出汗,眼球震颤,瞳孔散大,肛门松弛,几小时内死亡。

急性中毒病例,病程仅1～2h,可因窒息死亡。如果延长至1d左右者,则发生后躯不全麻痹。死亡者瘤胃多极度臌气,双侧肷窝部高度胀满,四肢伸展,呈吹气样尸体。

2. 防治

(1) 治疗 发现牛中毒后,立即灌服食醋500～2 000mL,加水1L,1次内服。或者甲醛1.0～3.0mL、水100～200mL灌服。静脉注射10%葡萄糖酸钙200～500mL,同时应用强心剂、利尿剂、高渗葡萄糖等疗法。对症治疗瘤胃臌气者可用消气灵、鱼石脂等,必要时穿刺放气。

(2) 预防

1) 严格化肥保管使用制度,防止牛误食尿素。用尿素作饲料添加剂时,严格掌握用量,体重500kg的成年牛,用量不超过150g/d。尿素以拌在饲料中喂给为宜,不得化水饮服或单喂,喂后2h内不能饮水。如日粮蛋白质已足够,则不宜加喂尿素。犊牛不宜使用尿素。

2）尿素的饲喂量，一般控制在饲料总干物质的1％以下、精饲料的3％以下，在数天、或数周的时间内，由少到多，逐渐增加饲喂量，使牛习惯于摄取尿素，进而使牛瘤胃中的微生物有足够的时间来适应氨的大量供应，使肝脏的解毒能力适应血氨的增加。

3）在饲喂尿素时可以考虑添加脲酶抑制剂，以减缓尿素分解为氨的速度，从而减少尿素中毒。在日粮中添加量为每千克饲料25mg脲酶抑制剂。

七、食盐中毒（钠盐中毒）

食盐中毒是牛在饮水不足的情况下，摄入过量的食盐饲料引起的以消化紊乱和神经症状为特征的中毒性疾病。除食盐外，其他钠盐如碳酸氢钠、丙酸钠、乳酸钠等亦可引起与食盐中毒同样的症状，因此也可称为钠盐中毒。

1. 症状　主要表现为消化系统紊乱：口渴、贪饮、腹泻、胃肠炎，尿少或无尿。食欲废绝，口腔干燥，黏膜充血，腹痛，粪便中混有黏液和血液。严重时出现双目失明，后肢麻痹，球节挛缩等症状，后期卧地不起，多于24h内死亡。牛慢性中毒时主要表现为食欲减退，体重减轻，体温下降，衰弱，有时腹泻，多因衰竭死亡。

神经症状（以中枢神经兴奋为主）严重的病例首先出现兴奋症状（横冲直撞、转圈、肌肉痉挛、空口咀嚼、口角流出白色泡沫），意识紊乱，倒地不起、四肢游泳样划动，最终昏迷死亡。

2. 防治

（1）治疗　在消除病因的基础上，促进钠盐排出，恢复阳离子平衡，降低脑内压，对症治疗。

发现早期，立即供给足量的饮水，以降低胃肠中的食盐浓度。若已出现症状则应控制饮水，少量多次。

恢复阳离子平衡：静脉注射可用5％葡萄糖酸钙注射液200～400mL或10％氯化钙注射液100～200mL，10％葡萄糖注射液 1 000～1 500mL。

利尿排钠。可用双氢克尿塞，每千克体重 0.5mg，内服。

镇静、缓和兴奋、强心，可分别肌内注射 25％硫酸镁注射液 50～100mL，10％安钠咖注射液 20～30mL。

缓解脑水肿、降低脑内压，常用 25％葡萄糖注射液 500～1 000mL。

（2）预防　首先应停喂含盐饲料，中毒早期可多次给予少量清水和灌服少量温水，较好的方法是催吐洗胃，然后用植物油和液体石蜡油导泻，以减少氯化钠吸收，促进其排出，但禁用盐类泻剂。

日粮中应添加占总量 0.5％的食盐，或以每千克体重 0.3～0.5g 补饲食盐，以防因盐饥饿引起牛对食盐的敏感性升高。在在饲喂含盐分较高的饲料时，应在严格控制用量的同时供以充足的饮水。

八、霉变饲料中毒

由于饲料保管、贮藏不善，或在谷物收获期间长时间下雨，谷物变质，污染霉菌导致霉变，产生毒素的饲料仍用于饲喂牛，就极易中毒。

1. 症状　一般呈慢性经过。3～6 月龄的犊牛比较敏感，病牛精神沉郁，反应淡漠。有时垂头呆立，似昏睡状。触摸皮肤任何部分牛都很敏感。不愿行动，强迫其行走时，牛步态蹒跚。有时也会兴奋不安。眼由羞明流泪逐渐变为视力障碍，可发生在一眼或两眼。厌食、反刍和瘤胃蠕动减少，表现有前胃弛缓症状，出现间歇性腹泻，粪中可夹有血液、黏液，或腹泻与便秘交替出现。有时有腹水，严重脱水。被毛蓬乱而逆立，牛只迅速消瘦，有的病牛在颌下、前胸及四肢有水肿。奶牛产奶量逐渐减少，严重时泌乳停止。可发生流产或所产犊牛生活力不强。病死牛解剖可见消化道出现严重的炎症，腹腔积液，肝肿大，甚至呈苍白状态。

2. 防治

（1）治疗

西药疗法：主要是排毒解毒，可用人工盐 200～300g 加水灌服；或用硫酸镁、硫酸钠等盐类泻剂；并可用 50％葡萄糖注射液 500～1 000mL，复方盐水溶液 1 000～2 000mL，维生素 C 2.0～4.0g 作静脉注射。强心剂可用 25％尼可刹米注射液 20～30mL 肌内注射，或用 10％樟脑磺酸钠注射液 30mL 肌内注射；镇静剂可用盐酸氯丙嗪注射液 250～500mg 肌内注射，或用 10％溴化钠或溴化钙 200～300mL 静脉注射。

中药疗法：以清热解毒利湿为主。可用银翘解毒散。蒲公英注射液，肌内注射 15～25mL。

（2）预防　不给牛饲喂霉变饲料。在作物成熟收获季节，如果阴雨连绵，或收获的谷物及饲料贮藏不当，常致使一些有毒的霉菌寄生。土霉素渣及加工后的谷物受潮发霉，寄生有青霉菌，牛采食后，也可引起中毒。该病的发生还与机体的抵抗力和饲养管理的好坏有关。所以在饲料收获、运输、加工和储存过程中应注意各个环节的保管和防潮，并经常检查，如有发霉迹象时，尽量提早翻晒处理，霉变程度严重的饲料应予以销毁。饲料按计划采购，并做到现购现喂，防止长期堆放。有条件的最好设置草棚或防雨防潮湿的设施。

第六节　奶牛常发消化系统疾病防治

一、口炎

口炎是口腔黏膜的表层炎症，偶尔也发生水泡性或溃疡性口炎。

1. 病因　多是由于饲喂不当，如吃了粗糙和尖锐的饲料，饲料中混有木片、玻璃或麦芒等杂物所造成；牙齿磨灭不正或各种坚硬机械的刺激；或服用高浓度的刺激性药物如冰醋酸、酒石酸锑钾等；吃了有毒植物，误饮氨水，维生素缺乏等，都可引起本病。此外，继发于某些传染病，如口蹄疫等。

2. 症状 患牛采食困难，从口腔内流出大量的唾液，口角外附有泡沫样黏液（图 8 - 52），口腔内黏膜潮红肿胀，舌苔黄厚，严重时有水疱、溃疡或创伤等症状。

图 8 - 52 口角外附有泡沫样唾液

3. 防治 加强饲养管理，精心喂养，饮水要卫生，不喂粗硬带芒的草料和严防损伤口舌的刺激性异物进入口腔，如口腔内有芒刺等异物要取出。本病采取如下治疗：

（1）反复洗涤口腔：一般用 1％食盐水或 3％硼酸溶液，一天洗口数次。口腔恶臭，则用 0.1％的高锰酸钾溶液冲洗。唾液分泌旺盛，则用 1％明矾溶液或鞣酸溶液洗口。

（2）口腔黏膜溃烂或溃疡时，口腔洗涤后溃烂面涂 10％磺胺甘油乳剂或碘甘油，每天 2 次。也可用青霉素 80 万 U 加适量蜂蜜混匀后，每天涂抹数次。

（3）病情严重、体温升高、不能采食时，要静脉注射葡萄糖并结合抗生素疗法等。每天 2 次经胃管投入流质饲料。

二、食道阻塞（草噎）

食道阻塞是食管腔被饲料团块或异物所阻塞，致咽下发生障碍的疾病。

1. 病因　奶牛采食胡萝卜、玉米棒子、土豆等大块的根茎类饲料过急或在采食时被突然驱赶，受到惊吓常可引起食道阻塞。此外，奶牛发生异食癖时，常舔食各种异物如毛巾、布片等而发生阻塞。继发性食道梗塞常见于食道麻痹、食道痉挛、食道狭窄、食道扩张等疾病。

2. 症状　常于牛采食中突然发生，表现为采食停止，精神异常，惊恐不安，头颈伸直，喜站立，高抬头并摇头，空嚼磨牙、流涎，口唇周围附着泡沫，屡发吞咽动作，能采食或饮水者，也随即从鼻口中流出。如在颈部食道阻塞，可摸到硬块；如在胸部食道阻塞，则不能摸到。该病多继发瘤胃臌气，可见腹围膨大，肷部臌起，呼吸困难，如抢救不及时，很快会窒息死亡。

3. 防治　预防本病在于消除发病原因，块茎、块根类饲料要切碎喂；饲料配合要全面，防止奶牛发生异食癖。发病时必须及时治疗，首先检查堵塞的严重程度，确定是否进行瘤胃穿刺、排气等应急措施。

（1）掏取法　当阻塞发生在颈部上 1/3 处，可先从外部把阻塞物由下而上推到咽部附近，再用开口器固定口腔，用左手将牛舌头拉出口外紧紧握住，右手伸入咽部掏出异物。

（2）药疗法　当阻塞发生在颈部的中 1/3 或下 1/3 处时，先用 2%～5% 的普鲁卡因溶液 10～20mL 用胃管灌入食道，10min 后再将植物油或液体石蜡油 100mL 灌入食道，随之用胶管插入食道，将堵塞物捅入胃内，最后灌入少量龙胆紫。

（3）手术法　在其他方法不见效的情况下，采用切开食道的方法，取出异物。

三、前胃弛缓

前胃弛缓是由于长期给牛饲喂品质不良的饲料或饲养管理不当，以致前胃兴奋性降低和收缩力减弱而引起的机能障碍性疾病。临床上以前胃蠕动减弱或停止，食欲、反刍、嗳气紊乱，且常伴发有一定的酸中毒为特征。该病是奶牛常见疾病，尤其是老龄奶牛。

1. 病因 此病可分为原发性和继发性两种。

原发性前胃弛缓其原因常见于：饲料品质低劣、单一，长期饲喂适口性较差的饲料，如稻草、麦秸、玉米秸秆等；饲料配合不平衡，精料、糟粕类（如酒糟、豆腐渣、糖渣）喂量过多；饲养方法及饲料突然改变；奶牛运动量不足，而使全身肌肉张力降低。

继发性前胃弛缓在奶牛中更为常见，发病者多数为妊娠牛、产后牛、高产牛。牛患产前（后）瘫痪、酮尿病、创伤性网胃炎、心包炎、乳房炎、产后败血症、口蹄疫、牛巴氏杆菌病等，都表现有前胃弛缓症状。

2. 症状 病牛精神沉郁，步态缓慢，病初食欲降低，或吃青贮和干草而不吃精料，或吃精料而不吃草，前胃蠕动减弱，发生便秘；随病情发展可见食欲废绝，前胃蠕动停止，反刍和嗳气减少，开始腹泻，排出气味恶臭的黑色黏稠或水样粪便；体温正常，全身无力；瘤胃弛缓时间较长者，左侧下腹部膨大，左侧肷窝下陷（图 8-53），瘤胃区冲击式触诊可听到振水音（图 8-54）。泌乳量明显下降。病久日渐消瘦，后躯摇摆，卧地不起。

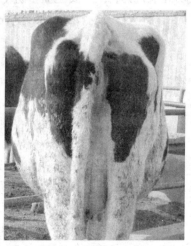

图 8-53 继发于创伤性网胃-心包炎：左侧下腹部略膨大

图 8-54　继发于创伤性网胃-心包炎：瘤胃区
冲击式触诊有明显振水音

3. 诊断　根据病后的特征，如食欲异常，瘤胃蠕动减弱，
体温脉率正常等，即可确诊。现场诊断可用胃管取瘤胃内容物，
测其 pH，患前胃弛缓的牛，其 pH 一般低于 6.5。

4. 治疗　制止食物在胃内发酵和腐败，调整瘤胃 pH，防止
发生酸中毒，减少或停止喂酸性饲料。

（1）缓泻和止酵　硫酸镁 500g，鱼石脂 10～20g，温水
4 000～5 000mL，一次内服；液体石蜡或植物油 500～1 000mL，
一次内服。

（2）兴奋和增强前胃运动机能　内服酒石酸锑钾 10g，每天
1 次，连用 3d。为了兴奋前胃机能，经常应用拟胆碱药物，如新
斯的明，一次量为 0.02～0.06g，皮下注射，每隔 3～6h 注射 1
次。加强瘤胃收缩，可一次静脉注射 10% 氯化钠 500mL、10%
安钠咖 20mL；对于分娩前后的牛和高产牛，可一次静脉注射
5% 葡萄糖生理盐水 500mL，25% 葡萄糖 500mL，20% 葡萄糖酸
钙 300mL。

（3）防止酸中毒　可静脉注射 5% 葡萄糖生理盐水 1 000mL，

25％葡萄糖 500mL，5％碳酸氢钠 500mL。或内服人工盐 300g、碳酸氢钠 80g。

（4）可内服中药　党参 60g，炒白术 60g，茯苓 60g，神曲 50g，麦芽 50g，山楂 50g，青皮 30g，陈皮 40g，苍术 30g，炙甘草 30g。研末开水冲调，候温灌服。

5. 预防

（1）饲养管理制度要合理，饲料配合尽量平衡，饲料质量要有保证，供给牛充足的干草，以及维生素、矿物质饲料。

（2）防止草料变质霉烂，增加奶牛的运动量。

（3）对临产牛、分娩后的牛、高产牛应仔细观察，及时发现及时治疗，定期静脉注射葡萄糖和钙制剂。

四、瘤胃臌气

瘤胃臌气又称气滞，是奶牛吃了大量易发酵的饲料，饲料在瘤胃内发酵，迅速产生并积聚大量气体不能以嗳气排出，致使瘤胃急剧增大，胃壁发生急性扩张，并呈现反刍和嗳气障碍的一种疾病。

1. 病因

（1）原发性　主要是由于采食大量容易发酵的饲料而引起。如饲喂大量多汁、幼嫩的青草和豆科植物（如苜蓿），以及易发酵的甘薯秧、甜菜等；或饲喂含蛋白质高而又未经浸泡的饲料（如大豆、豆饼等）；或饲喂发霉变质或经雨淋潮湿的饲料；或食入大量的豆腐渣、糖糟、青贮饲料；或食入有毒物质（如毒芹）等都可引起瘤胃臌气。

（2）继发性　常见于食道阻塞、瘤胃积食、前胃弛缓、创伤性网胃炎、胃壁及腹膜粘连等疾病。

2. 症状

（1）原发性　病牛表现不安，回头顾腹，张口呼吸，伸舌吼叫，食欲废绝，眼结膜发绀，充血，眼球突出，口色青紫，心跳亢进，腹围增大，左肷窝部隆起而高于髋关节（图8-55），严重者全身出汗，治疗不及时很快会窒息死亡。

（2）继发性　发病缓慢，病牛食欲降低，左腹膨胀（图8-56），通常臌气呈周期性，有时呈现不规则的间歇。

图8-55　整个左腹部膨胀，左肷窝部隆起

图8-56　继发于胃肠卡他性炎症，可见左腹膨胀，肷窝隆起

3. 诊断　原发性瘤胃臌气，可根据典型的临床表现症状予以确诊，慢性或继发性臌气，则应根据病牛其他症状综合分析。

4. 治疗　原则是排气减压，制止发酵，恢复瘤胃的正常生理功能。

（1）臌气严重的病牛要用套管针进行瘤胃放气（图 8 - 57）。臌气不严重的用消气灵规格为 10mL，3 瓶，液体石蜡油规格为 500mL，1 瓶，加水 1 000mL，灌服。

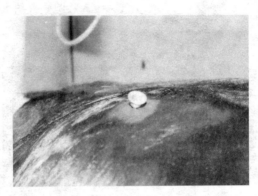

图 8 - 57　套管针放气（齐长明）

（2）为抑制瘤胃内容物发酵，可内服防腐止酵药，如将鱼石脂 20～30g、福尔马林 10～15mL、1%克辽林 20～30mL，加水配为 1%～2%溶液，内服。

（3）促进嗳气，恢复瘤胃功能，其方法是向舌部涂布食盐、黄酱，或将一根树根衔于口内，促使其呕吐或嗳气。静注 10%氯化钠 500mL，内加 10%安钠咖 20mL。

（4）对妊娠后期或分娩后的病牛或高产病牛，可 1 次静脉注射 10%葡萄糖酸钙 500mL。

5. 预防

（1）防止牛采食过量的多汁、幼嫩的青草和豆科植物（如苜蓿）以及易发酵的甘薯秧、甜菜等。不在雨后或带有霜和露水的草地上放牧。

（2）大豆、豆饼类饲料要用开水浸泡后再喂。

（3）做好饲料保管和加工调制工作，严禁饲喂发霉腐败饲料。

五、瘤胃积食

瘤胃积食也叫急性瘤胃扩张，中兽医称为宿草不转。该病是由于瘤胃内积滞过多的食物，使瘤胃体积增大，胃壁扩张，并引起前胃机能紊乱的疾病。多见于舍饲牛。

1. 病因

（1）精料、糟粕类饲料过多，粗饲料少，或突然变更饲料时由于适口性好，牛过度贪食而造成。

（2）牛体消瘦，消化力不强；运动不足，采食大量饲料而又饮水不足也可引发该病。

（3）继发于瘤胃弛缓、瓣胃阻塞、创伤性网胃炎、真胃炎和热性病等。

2. 症状 病初食欲、反刍、嗳气减少或停止，拱背，不断努责，回顾左腹部，后肢踢腹，磨牙，摇尾，呻吟，站立不安，时欲卧地，但卧时短暂又复站立，一般取右侧横卧。瘤胃蠕动微弱或完全停止。左侧腹部中下部膨大（图8-58），用手按压膨大部，硬感如面团样，同时有痛感。鼻镜干燥，鼻孔有黏液脓性分泌物。通常排软便或腹泻，粪呈黑色带恶臭。重则混有血液或黏液。一般体温不高，但呼吸紧张而急速，心跳加快。随着病情加重，病牛四肢无力，卧地不起，呈昏迷状态，如不及时治疗可因脱水、中毒、衰竭或窒息而死亡。

3. 诊断 根据出现的症状，结合发病调查可以确诊。

4. 治疗 原则是排出瘤胃内容物，促进瘤胃蠕动，防止发生酸中毒。

（1）喂给少量干草，禁喂粗硬饲料及粥状饲料。给予清洁饮水，少量多次，可在水中加入少量食盐。每天按摩左肷部3～4次，每次20～30min。

（2）硫酸镁500g，松节油30mL，马钱子酊15mL，酒石酸锑钾6g，液状石蜡油1 000mL，混合加水5 000mL一次灌服。

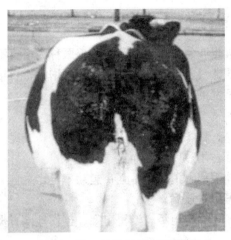

图 8-58　左侧中下腹部膨大

（3）5％葡萄糖液 1 500mL，10％氯化钠 500mL，5％碳酸氢钠 500mL，20％安钠咖 20mL，一次静脉输液。

（4）如发现脱水中毒时，可一次静注含糖盐水 1 500mL，25％葡萄糖 500mL，5％碳酸氢钠 500mL，10％安钠咖 20mL。

上述方法治疗无效时，应做瘤胃切开手术，掏取内容物。

5. 预防　做好饲养管理工作，调制好饲料搭配比例。

六、创伤性网胃炎及心包炎

1. 病因　牛采食速度快，咀嚼吞咽很不细致，易将混入饲料的尖锐异物（如铁丝，铁钉，注射针头等）吃进瘤胃内。异物经一定时间后由瘤胃转入网胃。由于网胃体积小而收缩力强，易使尖锐异物损伤胃壁，甚至穿入心包造成此病。损伤的部位，多在网胃前下部。

2. 症状　若异物仅刺入网胃黏膜而未引起明显的炎症变化时，病牛仅有轻微的前胃弛缓症状。若异物穿透网胃进入横膈膜时，则前胃弛缓症状明显，突然食欲大减或不食，瘤胃蠕动减

弱，其内常蓄积一些气体。病牛精神沉郁，鼻镜干燥（图 8 -
59），弓背站立，肘外展，肘部肌肉震颤，头颈微伸，喜站立，
不愿走，强迫牵引，走路缓慢，愿走上坡路，下坡时有痛感表
现，不愿左转弯。用双手将鬐甲部的皮肤捏紧向上提起（鬐甲反
射）或用拳头短促地压迫剑状软骨部，病牛表现疼痛躲闪，发出
呻吟声。粪干而少，呈褐色，有黏液和血液，排便时拱腰举尾。
若炎症范围小，则体温、心跳变化不太明显。异物刺伤心包时，
则可并发创伤性心包炎。除上述症状外，脉搏多数超过 100 次
以上，呼吸加快，体温升高；有时体温下降后，脉搏仍频数。触
诊、叩诊心脏区有疼痛感，听诊有摩擦音或拍水音。病的末期，
颈静脉努张像绳索一样，胸下、颈下、颔下等处水肿。如异物刺
入心肌的速度快时常出现剧烈的全身反应：恐惧，肌肉战栗，全
身被毛逆立，局部或全身出汗，有时突然昏倒，心跳急速、节律
不齐、力量大小不等。

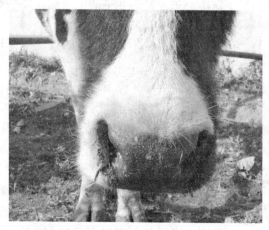

图 8 - 59　病牛沉郁也不舔舐鼻孔，鼻镜干燥

3. 诊断　根据病的症状和病史，可以做出确诊。

4. 治疗　要尽早实行瘤胃切开手术，从网胃中取出金属异

物，如不手术，最好早日淘汰。

5. 预防

（1）做好饲草饲料调制工作，防止尖锐金属异物等混入饲料被牛吞食。可以用电磁铁检查饲料内是否有金属异物。

（2）奶牛的日粮供应要平衡，维生素、矿物质要充足，防止奶牛异食把金属异物吞入体内。

（3）条件许可的话，可用金属探测器检查瘤胃内的金属异物，并把它取出来。

七、瓣胃阻塞

瓣胃阻塞，中兽医称为百叶干。它是由于前胃机能障碍，瓣胃的机能减弱，食物不能正常后送到真胃，聚积于瓣胃中而干涸，造成胃道不通的一种疾病。

1. 病因　长期饲喂干草、糟粕以及粉状饲料（谷糠、麸皮、酒糟、豆渣等），饮水不足，易引起本病的发生。特别是牛吃了混有泥沙的饲料更易发生本病。

继发于前胃弛缓或炎症，真胃变位，前胃、网胃与膈肌粘连，以及焦虫病等。

2. 症状　瓣胃阻塞常伴有瘤胃积食、臌胀及前胃弛缓的症状。病初症状不太明显，患病牛精神沉郁，食欲减退，反刍减少，继而鼻镜干燥，有的龟裂，口干有黄色舌苔，口臭，耳根、角根发热；食欲、反刍严重减退或完全废绝，四肢无力，喜卧。在右侧倒数第5～7肋间和肩关节的水平线上听诊，瓣胃蠕动音减弱或消失，此处触诊或叩诊有坚实感，病牛敏感。排粪次数减少，后便秘。粪便干黑如算盘珠样，肠音减弱。由于肠内容物腐败发酵，也可排出褐黑色稀粪，恶臭难闻。尿少或无尿，尿色黄红而黏稠。病的后期，发生瓣胃小叶坏死和败血症，预后不良。

3. 诊断　根据瓣胃的听诊、触诊和叩诊进行诊断。

4. 治疗　原则是软化瓣胃内容物，防止脱水发生酸中毒。

（1）瓣胃注射药物是治疗瓣胃阻塞最有效的方法，用25%～30%硫酸镁（钠）溶液250～400mL，消毒后一次直接注入瓣胃。注射宜用连续注射器。

（2）为防止酸中毒，可用10%葡萄糖500mL，0.9%氯化钠1 500mL，20%安钠咖20mL，5%碳酸氢钠500mL，静脉输液。

（3）中药：大黄60g，芒硝（后入）120g，当归30g，白术30g，二丑30g，大戟30g，滑石30g，甘草10g，研末，加猪油500g，开水冲，候温内服（怀孕母牛去大戟，芒硝）。

（4）治疗方法无效时，可施行瘤胃切开术，通过网瓣口用水冲出或取出部分或全部食物。

5. 预防　加强饲养管理，不要长期饲喂粉碎的饲料。注意饲料清洁，不要混入泥沙。多给牛饮水和多汁饲料，在饮水中加少量食盐。发病时应首先禁食，但应供应充足的饮水。

八、皱胃阻塞

皱胃阻塞也叫皱胃积食，是由于迷走神经机能紊乱，导致皱胃内容物积滞、胃壁扩张、消化机能障碍的一种疾病。常继发瓣胃阻塞、瘤胃积液、自体中毒和脱水，常发生死亡。

1. 病因

（1）饲养管理不当，缺乏青饲料，长期饲喂麦秸、玉米秸秆等的牛，发病率较高。

（2）迷走神经分支损伤、纵隔疾病、创伤性网胃炎继发幽门狭窄、幽门痉挛、腹腔内脏器官粘连、真胃炎等，也可继发本病。

2. 症状　病初，以前胃弛缓症状为主，食欲、反刍减退，以后则停止，排少量的糊状、棕褐色混有黏液和血液的恶臭粪便（图8-60）。病牛多为左侧卧，有时发出"吭吭"声。个别病牛有呕吐症状，瓣胃和肠蠕动音随着疾病的发展日趋减弱，尤其是瓣胃蠕动音，后期大多数病例听不到。阻塞严重的，右侧中腹部明显地向后下方突出，是本病的重要症状之一，但是有时不明显。

图 8-60　排出少量棕褐色带有黏液和血液的糊状粪便

3. 诊断　重病例，在右侧中腹部向后下方局限性膨隆，以拳频频冲击右侧中下部肋骨弓的右下方真胃区，则病牛有退让、踢腿或抵角的敏感表现。在触诊部，可闻钢管回击声，腹底可触摸到体积增大的真胃体。

4. 治疗　尚无特效疗法，病的初期可进行皱胃切开手术，可见预期效果。防止酸中毒，可用 5% 葡萄糖 1 000mL，0.9% 生理盐水 1 500mL，5% 碳酸氢钠 500～750mL，20% 安钠咖 20mL，静脉输液。

九、皱胃炎

皱胃炎是皱胃黏膜发炎引起的比较严重的消化不良症。常见于老年牛和体质衰弱的成年牛。

1. 病因

(1) 饲料粗硬，调理不当，饲料霉败或质量不佳；奶牛长期饲喂糟粕、豆渣或粉渣，营养不足，缺乏蛋白质和维生素；饲喂不定时，时饱时饥，突然变换饲料，放牧突然转为舍饲；体质衰弱，长途运输，惊恐等均影响牛的消化机能，进而导致皱胃炎的发生。

（2）中毒、前胃疾病、消化道疾病、代谢病、某些急性或慢性传染病等，均能促使真胃炎的发生和发展。

2. 症状

（1）急性病例 病牛精神沉郁，垂头站立，眼睑半闭，无神无力。被毛污秽、蓬乱，鼻镜干燥，结膜潮红、黄染。口腔黏膜被覆黏稠唾液，口腔内散发出难闻的气味。食欲减退或消失，有时磨牙。瘤胃轻度膨气，瘤胃收缩力微弱，次数减少。触诊右腹部真胃区，病牛有痛感。便秘，粪便干硬呈球状，表面被覆黏液。体温不高或降低。泌乳减少或停止。末期，病情急剧恶化，全身衰弱，精神极度沉郁，呈昏迷状态，甚至虚脱。

（2）慢性病例 病牛常呈现消化不良、异嗜。口腔内有黏稠唾液和黏液，舌苔白，散发干臭味。粪便干硬呈球状。末期，体质虚弱，精神沉郁，有时呈昏迷状态。

3. 诊断 根据消化不良，触诊皱胃区敏感，眼结膜与口腔黏膜黄染，便秘等症状，必要时参照血液学检查，可初步诊断为皱胃炎。

4. 治疗 清理胃肠，抑菌消炎，后期应强行输液，是本病的治疗原则。

（1）病初 用硫酸镁或人工盐500g，温水5 000mL，内服。拉稀粪以后，用磺胺脒60g，碳酸氢钠粉60g，加水500mL，内服，每天2次，连服5d。

（2）病情严重者 及时用抗生素，同时还须用5%葡萄糖氯化钠注射液2 000～3 000mL、20%安钠咖注射液10～20mL、40%乌洛托品注射液20～40mL，静脉注射。

5. 预防 加强奶牛的饲养管理，饲料搭配要恰当、全面。禁止饲喂霉败或质量不佳的饲料。

附　表

奶牛常用抗生素

序号	药物名称	作　用	用法用量	注意事项	休药期
β-内酰胺类					
1	注射用青霉素钠	主用于炭疽、放线菌病、坏死杆菌病、肾盂肾炎、乳腺炎、子宫炎、肺炎、败血症等。亦用于钩端螺旋体病等	马、牛每千克体重1万～2万U；羊、猪、驹、犊每千克体重2万～3万U；犬、猫每千克体重3万～4万U；禽每千克体重5万U。每天2～3次，连用2～3d。肌内注射	（1）青霉素钠（钾）易溶于水，水溶液不稳定，很易水解，水解率随温度升高而加速，因此注射液应在临用前配制。必须保存时，应置冰箱中（2～8℃），可保存7d，在室温只能保存24h。（2）应了解与其他药物的相互作用和配伍禁忌，以免影响青霉素的药效。（3）青霉素钠100万U（0.6g）含钠离子1.7mmol（0.039g），大剂量注射可能出现高钠（钾）血症。对肾功能减退或心功能不全患畜会产生不良后果。钾离子对心脏的不良作用更严重	休药期0d，弃奶期3d
2	注射用青霉素钾	主用于炭疽、放线菌病、坏死杆菌病、肾盂肾炎、乳腺炎、子宫炎、肺炎、败血症等。亦用于钩端螺旋体病等	马、牛每千克体重1万～2万U；羊、猪、驹、犊每千克体重2万～3万U；犬、猫每千克体重3万～4万U；禽每千克体重5万U。每天2～3次，连用2～3d。肌内注射	同注射用青霉素钠	休药期0d，弃奶期3d

（续）

序号	药物名称	作用	用法用量	注意事项	休药期
3	注射用普鲁卡因青霉素	用于牛子宫蓄脓、复杂骨折、乳腺炎等。亦用于放线菌及钩端螺旋体等感染	马、牛每千克体重1万～2万U；羊、猪、驹、犊每千克体重2万～3万U；犬、猫每千克体重3万～4万U；每天1次，连用2～3d。肌内注射	(1) 本品仅用于治疗高度敏感菌引起的慢性感染。常与青霉素钠合用。(2) 其他参见注射用青霉素钠	弃奶期3d
4	普鲁卡因青霉素射液	同注射用普鲁卡因青霉素	同注射用普鲁卡因青霉素		牛10d，羊9d，猪7d；弃奶期48h
5	注射用苄星青霉素	适用于葡萄球菌、链球菌和厌氧性梭菌等感染引起的牛肾盂肾炎、子宫蓄脓、复杂骨折、乳腺炎等	马、牛每千克体重2万～3万U，羊、猪每千克体重3万～4万U，犬、猫每千克体重4万～5万U，必要时3～4d重复1次。肌内注射	(1) 本品血药浓度较低，急性感染时应与青霉素钾(钠)并用。(2) 其他参见注射用青霉素钠	牛、羊4d，猪5d；弃奶期3d
6	氨苄西林混悬注射液	用于敏感革兰氏阳性菌和革兰氏阴性菌感染。主要用于慢性细菌性感染的治疗	家畜每千克体重5～7mg，使用前应先将药液摇匀，每天1次，连用2～3d。皮下或肌内注射	参见氨苄西林可溶性粉。注射后应在注射部位多次轻轻按摩。如患畜由革兰氏阴性菌引起的疾病，每天可注射2次	牛6d，弃奶期2d；猪15d
7	注射用氨苄西林钠	用于巴氏杆菌病、肺炎、乳腺炎、子宫炎、白痢、沙门氏菌病、败血症等	家畜每千克体重10～20mg，每天2～3次，连用2～3d。肌内注射、静脉注射	对青霉素过敏者禁用本品；不宜用于耐青霉素的革兰氏阳性菌感染	牛6d，猪15d。弃奶期2d

（续）

序号	药物名称	作用	用法用量	注意事项	休药期
8	阿莫西林、克拉维酸钾注射液	用于巴氏杆菌病、肺炎、乳腺炎、子宫炎、白痢、沙门氏菌病、败血症等	每20千克体重，牛、猪、犬、猫 1mL。每天 1 次，连用 3～5d。肌内或皮下注射	参见注射用青霉素钠。使用前摇匀	牛、猪 14d，弃奶期 60h
9	注射用苯唑西林钠	用于耐青霉素葡萄球菌感染，如乳腺炎、肺炎、败血症、烧伤创面感染等	马、牛、羊每千克体重 10～15mg，犬、猫每千克体重 15～20mg，每天 2～3 次，连用 2～3d。肌内注射	同注射用青霉素钠	牛、羊 14d，猪 5d；弃奶期 3d
10	注射用氯唑西林钠	用于耐青霉素葡萄球菌感染，如奶牛乳腺炎等	乳管注入，奶牛每个乳室 200mg	同氯唑西林钠	牛 10d，弃奶期 48h
11	头孢氨苄乳剂	用于革兰氏阳性菌（如链球菌、葡萄球菌等）和革兰氏阴性菌（如大肠杆菌等）引起的奶牛乳腺炎	乳管注入，奶牛每个乳室 200mg，每天 2 次，连用 2d		牛弃奶期 48h
		用于革兰氏阳性和阴性菌引起的牛乳腺炎	每个感染乳室注射 1 支（200mg），每 12h 注射 1 次，连用 4 次。乳管注入	用药期间及停药后 48h 内所产生乳及其制品不得供人食用	用药期间及停药后 48h 内所产生乳及其制品不得供人食用
12	硫酸头孢喹肟注射液	主要用于治疗大肠杆菌引起的奶牛乳房炎，多杀性巴氏杆菌或胸膜肺炎放线杆菌引起的猪呼吸道疾病	牛每千克体重 1mg，每天 1 次，连用 2d，猪每千克体重 2～3mg，每天 1 次连用 3d。肌内注射		牛 5d；猪 2d；弃奶期 1d

（续）

序号	药物名称	作　用	用法用量	注意事项	休药期
13	氨苄西林、苄星氯唑西林乳房注入剂	用于革兰氏阳性菌和阴性菌引起的奶牛乳房炎	干奶期奶牛，每个乳室 4.5g，隔 3 周再注入 1 次。乳管注入	专用于奶牛干乳期乳房炎产犊前49d 使用	牛 28d，弃奶期产犊后 4d
14	氨苄西林钠、氯唑西林钠乳房注入剂（泌乳期）	用于革兰氏阳性菌和阴性菌引起的奶牛乳房炎	泌乳期期奶牛每个乳室 5.0g，按病情需要每天 2 次，连用数天。乳管注入	专用于奶牛泌乳期乳房炎	牛 7d，弃奶期 2.5d
15	普鲁卡因青霉素、萘夫西林钠、硫酸双氢链霉素乳房注入剂（干奶期）	用于治疗干奶期奶牛由葡萄球菌、链球菌或革兰氏阴性菌引起的亚临床型乳房炎和预防干奶期奶牛对青霉素、萘夫西林和/或双氢链霉素敏感的细菌引起的乳房炎	干奶期奶牛每个乳区 1 支（3.0g）。乳房灌注	（1）仅用于干奶期奶牛。（2）对 β-内酰胺类抗生素或双氢链霉素过敏的动物禁用。（3）与抑菌剂同时使用，可能有拮抗作用。（4）在注射之前，乳汁要完全挤出，乳头和乳头孔用干净的毛巾彻底清理干净。（5）使用一次性注射器。给药后，轻轻按摩乳房和乳头，使药物完全扩散。（6）使用时尽量避免接触本品；操作员如对本品过敏，请停止使用；如果接触后发现皮疹或脸部、嘴唇和眼睛肿胀、呼吸困难症状，请立即就医	牛 14d。泌乳期禁用。产犊前 42d 内禁用。弃奶期 1.5d
16	注射用头孢噻呋钠	用于治疗沙门氏菌感染，以及由坏死梭杆菌和产黑色素拟杆菌感染引起的牛腐蹄病	牛每千克体重 1.1～2.2mg，猪每千克体重 3～5mg，每天 1 次连用 3d。肌内注射		牛 3d，猪 1d；弃奶期 12h

（续）

序号	药物名称	作 用	用法用量	注意事项	休药期
氨基糖苷类					
17	注射用硫酸链霉素	用于治疗革兰氏阴性菌和结核杆菌感染	家畜每千克体重10～15mg，每天2次，连用2～3d。肌内注射	(1) 链霉素与其他氨基糖苷类有交叉过敏现象，对氨基糖苷类过敏的患畜禁用。(2) 患畜出现脱水（可致血药浓度增高）或肾功能损害时慎用。(3) 用本品治疗泌尿道感染时，宜同时内服碳酸氢钠使尿液呈碱性	牛、羊、猪18d；弃奶期72h
18	注射用硫酸双氢链霉素	用于治疗革兰氏阴性菌和结核杆菌感染	家畜每千克体重10mg，每天2次。肌内注射	本品耳毒性比链霉素强，慎用。其他参见注射用硫酸链霉素	牛、羊、猪18d；弃奶期3d
19	硫酸双氢链霉素注射液	用于治疗革兰氏阴性菌和结核杆菌感染	家畜每千克体重10mg，每天2次。肌内注射	参见注射用硫酸双氢链霉素	牛28d，弃奶期7d
20	硫酸卡那霉素注射液	主用于治疗败血症、泌尿道及呼吸道感染	家畜每千克体重10～15mg，每天2次，连用3～5d。肌内注射	参见注射用硫酸链霉素	牛28d；弃奶期7d
21	注射用硫酸卡那霉素	主用于治疗败血症、泌尿道及呼吸道感染。也用于治疗猪气喘病	家畜每千克体重10～15mg，每天2次，连用2～3日。肌内注射	参见注射用硫酸链霉素	牛28d；弃奶期7d
大环内酯类					
22	注射用乳糖酸红霉素	主用于治疗耐青霉素葡萄球菌引起的感染性疾病，也用于治疗其他革兰氏阳性菌及支原体感染，如肺炎、子宫炎、乳腺炎、败血症和禽支原体病等	马、牛、羊、猪每千克体重3～5mg，犬、猫每千克体重5～10mg，每天2次，连用2～3d。静脉注射	(1) 本品局部刺激性较强，不宜做肌内注射。静脉注射的浓度过高或速度过快时，易发生局部疼痛和血栓性静脉炎，故静注速度应缓慢。(2) 在pH过低的溶液中很快失效，注射溶液的pH应维持在5.5以上。(3) 其他参见红霉素片	牛14d，羊3d，猪7d；弃奶期3d

（续）

序号	药物名称	作用	用法用量	注意事项	休药期
23	替米考星注射液	用于治疗胸膜肺炎放线杆菌、巴氏杆菌及支原体感染	牛每千克体重10mg，仅注射1次。皮下注射	(1) 本品禁止静脉注射。牛一次静脉注射5mg/kg即致死，对猪、灵长类动物和马也有致死性危险。(2) 肌内和皮下注射均可出现局部反应（水肿等），故每个注射点不超过15mL也不能与眼接触。(3) 注射本品时应密切监视心血管状态。除牛以外，其他动物注射给药慎用	牛35d。泌乳期奶牛和肉牛犊禁用
四环素类					
24	注射用盐酸四环素	用于治疗敏感的革兰氏阳性菌和阴性菌、立克次体、支原体等引起的感染性疾病，如巴氏杆菌病、大肠杆菌病、布鲁氏菌病、炭疽、沙门氏菌病等	家畜每千克体重5～10mg，每天1次，连用2～3d。静脉注射	(1) 马注射后可发生胃肠炎，慎用。(2) 肝、肾功能严重不良的患畜忌用本品。(3) 其他参见土霉素片	牛、羊、猪8d；弃奶期2d。泌乳牛禁用
其他类					
25	盐酸吡利霉素乳房注入剂（泌乳期）	用于治疗葡萄球菌、链球菌引起的奶牛泌乳期临床或亚临床乳房炎	泌乳期奶牛，每个乳室50mg，每天1次，连用2d，视病情需要可适当增加给药剂量和延长用药时间。乳管注入	(1) 仅用于乳房内注入，应注意无菌操作。(2) 给药前，用含有适宜乳房消毒剂的温水充分洗净乳头，待完全干燥后将乳房内的奶全部挤出，再用酒精等适宜消毒剂对每个乳头擦拭灭菌后方可给药。(3) 本品弃奶期系根据常规给药剂量和给药时间制定，如确因病情所需而增加给药剂量或延长用药时间，则应执行最长弃奶期。(4) 尚缺乏本品在奶牛体内残留消除数据，给药期间和最长停药期之间动物不能食用	弃奶期72h

参 考 文 献

齐长明 . 2006. 奶牛疾病学（上下）［M］. 北京：中国农业科技出版社 .

王春璈 . 2007. 奶牛临床疾病学［M］. 北京：中国农业科学技术出版社 .

肖定汗 . 2012. 奶牛病学［M］. 北京：中国农业大学出版社 .

肖定汗 . 2008. 奶牛疾病防治［M］. 北京：金盾出版社 .

图书在版编目（CIP）数据

奶牛场技术管理要点与常见疾病防治／刘建柱，何
高明主编. —北京：中国农业出版社，2013.1
ISBN 978-7-109-17190-9

Ⅰ.①奶… Ⅱ.①刘… ②何… Ⅲ.①乳牛场-生产
管理②乳牛-牛病-防治 Ⅳ.①S823.9②S858.23

中国版本图书馆 CIP 数据核字（2012）第 221628 号

中国农业出版社出版
（北京市朝阳区农展馆北路 2 号）
（邮政编码 100125）
责任编辑 黄向阳 耿韶磊

中国农业出版社印刷厂印刷 新华书店北京发行所发行
2013 年 1 月第 1 版 2013 年 1 月北京第 1 次印刷

开本：850mm×1168mm 1/32 印张：9.25
字数：226 千字
定价：22.00 元
（凡本版图书出现印刷、装订错误，请向出版社发行部调换）